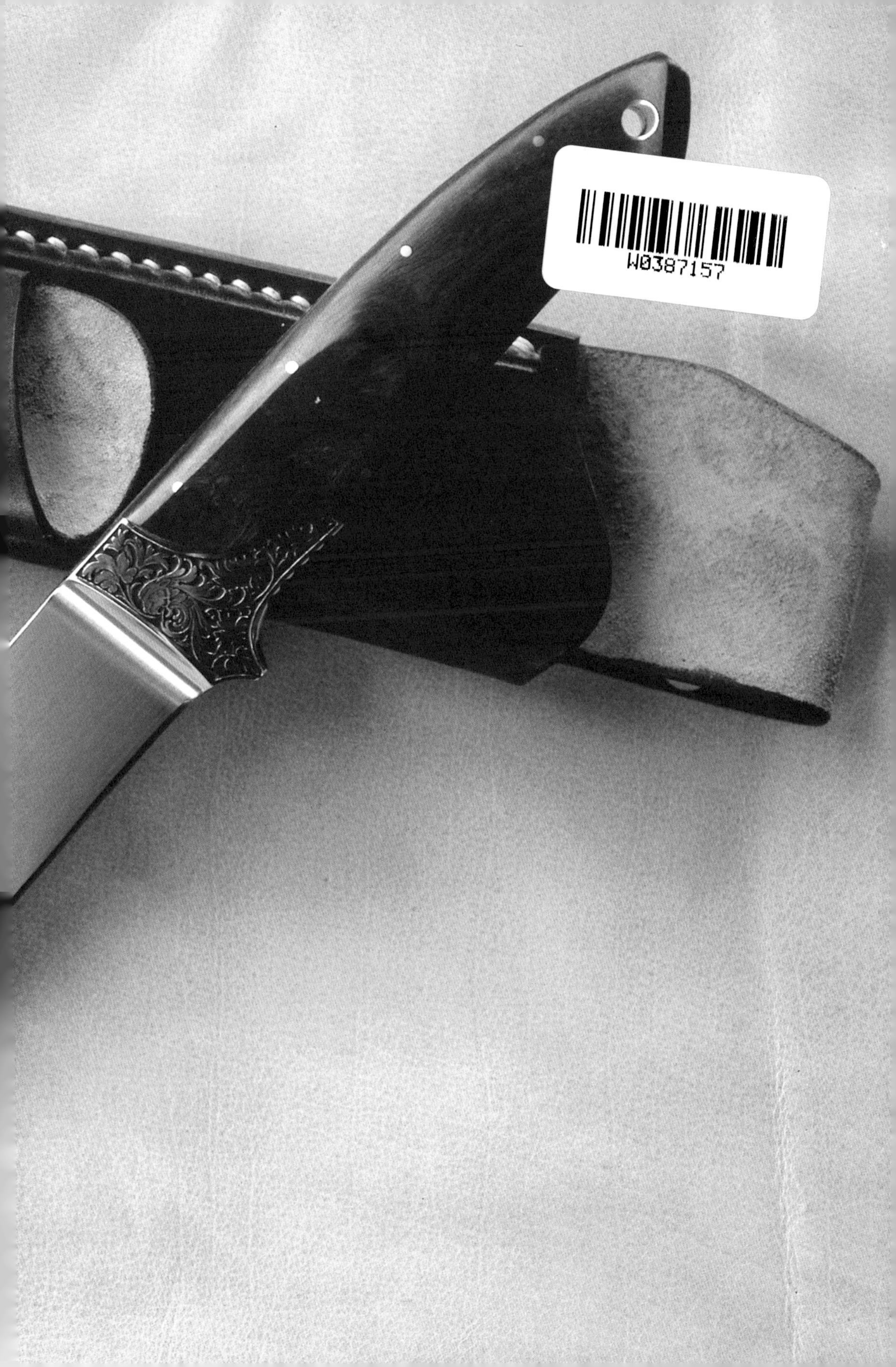

Richard Hehn / Norbert Klups

MESSER

Profi-Tipps für Benutzer und Sammler

Richard Hehn
Norbert Klups

Messer

Profi-Tipps für Benutzer und Sammler

Motor
buch
Verlag

Einbandgestaltung: Andreas Pflaum unter Verwendung von Vorlagen der Verfasser.

Bildnachweis: Archiv Hehn; Martin Benz S. 12 + 112

ISBN 3-613-02100-5

2. Auflage 2003

Lektor: Martin Benz M.A.
Innengestaltung: Bernd Peter
Repro: digi bild reinhardt, 73037 Göppingen
Druck und Bindung: Fotolito LONGO, Bozen
Printed in Italy

Inhalt

Vorwort ... 7

Rückblick ... 11

Klingenstähle ... 14

Formen und Bauweisen ... 37

Griffe und Griffmaterialien ... 64

Das Schärfen des Messers ... 84

Messerscheiden ... 103

Kampfmesser ... 113

Die Arbeit des Messermachers ... 122

Messer-Sammeln ... 141

Vorwort

Das Messer ist seit ewigen Zeiten eines der wichtigsten Werkzeuge und auch Waffe des Menschen. Im Alltag begegnen wir dem Messer überall und benutzen es selbstverständlich, ohne noch einen Gedanken daran zu verschwenden. Schon vor vielen Jahren war die technische Entwicklung weitgehend abgeschlossen, was Formen und Bauweisen betraf. Für jeden Zweck waren Spezialmesser entwickelt und nur bei den Stahlsorten und Griffmaterialien gab es noch die eine oder andere Neuentwicklung, meist als Nebenprodukt aus Industrie und Raumfahrt.

Neues Leben wurde dem Messer erst wieder vor etwa 20 Jahren eingehaucht, als es als Sammelobjekt entdeckt wurde. Hier zeigte sich eine rasante Entwicklung und die Schar der Messersammler wuchs ständig. Heute schätzt man die Zahl der Sammler allein in Deutschland auf über 50.000. Kaum ein Sammler entscheidet sich ganz bewusst für dieses Hobby, sondern ein Stück kommt zum anderen und plötzlich ist eine kleine Kollektion beisammen. Als Sammelobjekt hat das Messer gegenüber den Feuerwaffen einige Vorteile, denn (noch) keine gesetzlichen Vorschriften machen dem Sammler das Leben schwer, wenn man von wenigen Ausnahmeregelungen (z.b. bestimmte Klappmesser) einmal absieht. Um eine Messersammlung anzulegen, ist weder eine Erwerbsberechtigung noch ein Panzerschrank erforderlich. Auch die Preise bleiben noch im Rahmen, wenn als Vergleich Feuerwaffen genommen werden. Schon für einige hundert Mark sind hochwertige Sammlermesser zu bekommen.

Die Industrie merkte schnell, dass hier ein neuer Markt entstand und fertigte spezielle Sammlermesser mit Damaszenerklingen, seltenen Griffmaterialien, Gravuren und das alles natürlich in streng limitierter und nummerierter Auflage. Die Produktionszahlen stiegen ständig und viele Sammler merkten bald, dass hier individuelle Einzelstücke kaum zu bekommen waren. Echte

Unikate waren nur vom Messermacher zu bekommen, der in stundenlanger, mühevoller Handarbeit in Absprache mit dem Kunden jedes Messer einzeln baut. Durch das steigende Sammler-Interesse wuchs auch die Zahl der Messermacher ständig. Die bereits 1970 gegründete amerikanische Messermacher-Vereinigung *The Knifemakers Guild* hat heute bereits über 500 Mitglieder und auch die seit 1986 bestehende *Deutsche Messermacher-Gilde* verzeichnet über 30 Mitglieder aus acht Ländern. Weltweit gibt es zahlreiche Vereinigungen, wie etwa die *American Bladesmith Society*, den *Canadian Knife Collectors Club* oder die

Die Autoren: Messermacher Richard Hehn (links) im Gespräch mit Fachjournalist Norbert Klups.

South Afrika Knivemakers Guild, was die große Beliebtheit des »Werkzeuges Messers« zu Beginn des 21. Jahrhunderts eindrucksvoll darlegt.

Durch das große Interesse der Sammler am Messer änderte sich auch das Verhältnis vieler Messerbenutzer – wie Jäger oder Camper – zum Messer. Die Messermacher zeigten, was heute möglich ist und mit welcher Qualität und Individualität ein Messer gefertigt werden kann. Viele Jäger gaben sich nicht mehr mit einem industriell gefertigten Jagdmesser zufrieden, sondern ließen sich beim so genannten *Custom-Knifemaker* (sprich: vom Messermacher) ein

Nach Kundenwunsch gefertigtes Jagdmesser mit Klinge aus pulvermetallurgischem Stahl CPM-T 440 V und Griffschalen aus Hirschhorn.

Messer nach ihren Vorstellungen und Wünschen, genau ausgelegt auf einen bestimmten Einsatzzweck, anfertigen.

Bei einem individuell angefertigten Messer sind keine Kompromisse nötig und der Kunde kann ein Maximum an Material- und Fertigungsqualität bekommen. Für den Laien ist aber gerade das nicht ganz einfach. Dieses Buch soll helfen, das Werkzeug Messer besser zu verstehen und aufzeigen, worauf es bei einem guten Messer wirklich ankommt. Leider werden heute auch viele Messer für teures Geld verkauft, die optisch zwar beeindrucken, aber kaum für ihren eigentlichen Verwendungszweck zu gebrauchen sind.

Nur wer sich intensiv mit den verschiedenen Stahlsorten, Formen und Bauweisen, Griffmaterialien und Herstellungsmethoden beschäftigt hat, ist in der Lage, ein Messer für seine persönlichen Zwecke auszuwählen oder von einem Messermacher bauen zu lassen.

Der Sammler findet in diesem Buch alle Kriterien, um den Wert eines Messers in Bezug auf Stahlqualität und Verarbeitungsgüte bestimmen zu können. Hauptthema des Werkes ist aber das *echte Gebrauchsmesser,* denn ein Messer soll in erster Linie schneiden, auch wenn die aufwändig polierten Klingen vieler *Custom-Knives* nie dazu benutzt werden.

Dörrebach, im Januar 2001

Richard Hehn
Norbert Klups

Rückblick

Das Messer ist unzweifelhaft eines der ersten und damit ältesten Werkzeuge des Menschen. In der Entwicklungsgeschichte markiert es eine wichtige Stufe, denn hier unterschied sich der urzeitliche Vorgänger des heutigen Menschen durch seine Fähigkeit, ein Werkzeug einzusetzen, eindeutig vom Affen. Knüppel oder Steine setzten beide ein, doch die Bearbeitung des Steines zum Faustkeil und die daraus resultierende Entwicklung der ersten Schneidwerkzeuge war allein dem Menschen möglich. Steine erhielten durch Absplittern oder Schleifen Schnittkanten und waren damit die ersten Messer. Dies war eine sehr wichtige Entwicklungsstufe, denn mit diesem Werkzeug war es möglich, Wild zu zerteilen und andere Gerätschaften herzustellen. In der Folgezeit entstand eine Vielzahl von Steinwerkzeugen wie etwa Speerspitzen, Schaber oder die ersten Steinmesser aus Flintstein. Die ersten Klingen aus Obsidian oder Flint werden auf 20.000 vor Christus datiert. Richtige Messer mit Steinklinge und Griff gab es etwa ab 9000 vor der Zeitenwende, wie archäologische Funde eindeutig belegen. Zweitausend Jahre später, in der Jungsteinzeit, beherrschte der Mensch die Bearbeitung von Feuerstein nahezu vollendet, was sich unter anderem in Formgebung und Oberflächenbearbeitung von Streitäxten, Beilen und Messern (Glattschliff) zeigte. Es entstanden Dolche mit zweiseitiger Schneide und linsenförmigem Klingenquerschnitt. Ein indogermanisches Reitervolk, das die Forscher heute als Schnurkeramiker bezeichnen und das zu den Vorfahren der Germanen und Kelten gerechnet wird, gab seinen Kriegern besonders kunstvoll geschliffene Steinäxte mit ins Grab, weshalb auch von den *Streitaxtleuten* gesprochen wird.

Als in Vorderasien Kupfer als neuer Werkstoff entdeckt wurde, waren die ersten Gerätschaften, die daraus hergestellt wurden, natürlich Messer. Kupfer wurde aber schnell von der wesentlich einfacher zu verarbeitenden Bronze, einer

Legierung aus Kupfer und Zinn, verdrängt. In der Bronzezeit, um 2000 v. Chr., entstanden Messer in großer Vielfalt, denn mit dem leicht gießbaren Stoff ließen sich die unterschiedlichsten Formen leicht umsetzen. Je nach Verwendungszweck wurden die verschiedensten Klingenformen gegossen und Messer und Dolch wurden mehr und mehr zu Statussymbolen, was an zahlreichen Grabbeilagen aus dieser Zeit zu sehen ist. Auch als Waffe war der Siegeszug des Messers nicht mehr aufzuhalten. Dolche und Schwerter entstanden, die alle Merkmale und Stilelemente aufwiesen, wie wir sie heute noch kennen. Eine neue Ära der Messertechnologie leitete schließlich die Möglichkeit der Eisenbearbeitung ein. Jetzt war es möglich Eisenwerkzeuge herzustellen, mit denen sich andere Materialien, hauptsächlich Holz, leicht bearbeiten ließen, was den Bau beispiels-

Germanischer Bronzedolch. Originalgetreue Nachbildung eines Gräberfundes aus dem schleswig-holsteinischen Landesmuseum.

weise von Häusern und Schiffen wesentlich vereinfachte. Als schließlich durch Zusätze wie Kohlenstoff leistungsfähige Stahllegierungen entstanden, erweiterte dies das Spektrum des technisch Machbaren in der Bearbeitung und der Einsatzmöglichkeiten ungemein. In den verschiedenen Erdteilen, Regionen und Kulturkreisen entstanden in den letzten 2000 Jahren charakteristische und typische Messerformen, die nicht nur durch spezielle Erfordernisse des täglichen Lebens, sondern oft auch durch besondere Kampftechniken oder religiöse Riten bedingt waren. Bezeichnend sind hier die eckigen japanischen Tanto-Klingen, die sichelförmig gebogenen Haumesser der nepalesischen Gurkhas, das amerikanische Bowiemesser oder die schmalen finnischen Puukos. Diese teilweise jahrhunderte-, ja jahrtausendealten Formen gibt es heute noch und ihre Beständigkeit macht das Messer zu einem einzigartigen Gegenstand in der Geschichte. Allein schon deshalb gilt es als faszinierendes Sammelobjekt und seine Geschichte ist noch lange nicht abgeschlossen.

Klingenstähle

Die Seele des Messers ist die Klinge. Die Qualität des Stahls ist entscheidend für die Leistungsfähigkeit des Messers. Schon in den alten Sagen gab es zahlreiche Geschichten über Schwertklingen mit sagenhaften Eigenschaften – man denke etwa an Drachentöter Siegfrieds *Balmung*. Besonders die Schärfe wurde immer wieder gerühmt und mit zahlreichen Geschichten, wie die vom im Wasser treibenden Blatt, welches von der Klinge mühelos durchtrennt wird, beschrieben. In der heutigen Zeit wird da eher demonstrativ Papier in feine Streifen geschnitten oder der Vorführende schert sich die Haare vom Unterarm. Über die Qualität des Klingenstahls sagen diese Beispiele leider gar nichts aus. Sie demonstrieren nur die augenblickliche Schärfe der Schneide und zeigen höchstens das Können desjenigen, der das Messer geschärft hat. Ein Beweis für die Stahlqualität ist eine scharfe Klinge auf keinen Fall, denn für einen Fachmann ist es kein Problem auch minderwertigen Stahl so zu schärfen, dass er kurzfristig superscharf ist. Entscheidend für die Qualität des Stahls ist jedoch viel mehr, wie lange die einmal erzielte Schärfe bei den für diesen Messertyp normalen Arbeitsbedingungen hält. Wie lange ist es möglich, das Messer einzusetzen, ohne es erneut zu schärfen? Die Eigenschaft einer Klinge die Schärfe über einen bestimmten Zeitraum beizubehalten wird *Schnitthaltigkeit* genannt. An der Schnitthaltigkeit einer Messerklinge kann die Stahlqualität gemessen werden. Natürlich spielen auch noch andere Faktoren wie die Schneidgeometrie und die Klingenform eine Rolle, aber diese haben eine eher untergeordnete Bedeutung und werden im Kapitel über das Schärfen ab Seite 84 noch ausführlich behandelt.

Die Stahlsorte

In erster Linie bestimmt die Stahlsorte die Qualität der Klinge. Stahlsorten gibt es jede Menge und sie haben teilweise extrem unterschiedliche Eigenschaften. Dies ist auch notwendig, denn für einen bestimmten Verwendungszweck ist eine genau darauf abgestimmte Stahlzusammensetzung erforderlich, um optimale Ergebnisse zu erzielen. Ein Rasiermesser benötigt einen ganz anderen Stahl als etwa ein Haumesser oder ein universell einsetzbares Jagdmesser. Stahl ist eine Legierung und besteht aus verschiedenen Komponenten wie Kohlenstoff, Chrom, Vanadium, Molybdän, Wolfram usw. Je nach dem Anteil der verschiedenen Elemente, also der Zusammensetzung des Stahls, verändern sich die Eigenschaften. Bevor ein Stahl für ein bestimmtes Messer ausgewählt wird muss klar sein, welchen Verwendungszweck es haben soll, damit die richtige Stahlsorte bestimmt wird. Nur wenn die Zusammensetzung des Stahls optimal ist, wird auch die Leistung des Messers später den Erwartungen entsprechen. Über die Materie Stahl könnte man in diesem Zusammenhang ohne weiteres ein eigenes Buch schreiben und Fachbücher an sich gibt es schon in genügender Zahl. Detaillierte Ausführungen hierüber würden den Rahmen eines »Messerbuches« sicher sprengen und auch dem normalen Leser, der sich mit Metallurgie bisher nicht beschäftigt hat, überfordern oder langweilen. Trotzdem ist der Stahl so wichtig, dass nähere Betrachtungen notwendig sind. Auf Grafiken und endlose Tabellen soll dabei jedoch verzichtet werden.

Stahl besteht je nach Legierung zu 80–99,7 % aus Eisen. Reines Eisen ist für eine Messerklinge völlig ungeeignet, denn es ist sehr weich und nicht härtbar. Erst durch die Zugabe von Kohlenstoff (C) wird Eisen härtbar und somit zu Stahl. Es genügen bereits 0,3 % Kohlenstoff, um einen einfachen Kohlenstoffstahl zu erhalten. Mit steigendem Kohlenstoffanteil wird die Legierung immer höher härtbarer. Die Zulegierungsmöglichkeit ist jedoch begrenzt, denn durch die Zugabe von Kohlenstoff wird das anfangs sehr feine Gefüge des Eisens immer gröber. Bei einfachem Kohlenstoffstahl spricht der Fachmann daher schon bei einem Kohlenstoffanteil von 2 % nicht mehr von Stahl, sondern von Gusseisen. Ursache dafür ist die Molekularstruktur des Stahls, in der nur eine begrenzte Zahl von Kohlenstoffatomen Platz findet. Wird mehr beigegeben, gehen diese überzähligen Kohlenstoffatome mit dem Eisen eine chemische Verbindung ein, die als *Karbid* bezeichnet wird. Grundsätzlich wird also Stahl mit steigendem Kohlenstoffanteil härtbarer, dabei aber gröber und durch die gröbere Struktur auch spröder. Um die Struktur zu beeinflussen, kann Stahl gewalzt oder geschmiedet werden. Die Nutzungseigenschaften lassen sich dadurch verbessern. Bevor hierauf näher eingegangen wird, ist es jedoch notwendig, sich zunächst mit den Vorgängen bei der Wärmebehandlung des Stahls zu beschäftigen. Auf Fachbegriffe wie Alpha-Eisen, Gamma-Eisen, Austenit, Martensit, Ferrit oder Perlit wird hier bewusst verzichtet und versucht, die Vorgänge so einfach wie möglich und auch für den Laien verständlich zu erklären.

Das Härten von Stahl

Stahl ist im handelsüblichen Zustand weichgeglüht, damit eine Verarbeitung überhaupt möglich ist. Der Messermacher, oder bei industrieller Fertigung die CNC-Maschine, fertigt daraus die Messerklinge. Bevor die Klinge eingesetzt werden kann, ist eine Härtebehandlung erforderlich. Dies geschieht in einem Härteofen durch kontinuierliche Erwärmung auf eine bestimmte, für jede Stahlsorte genau festgelegte Temperatur. Diese Temperatur wird über einen bestimmten, für jede Stahlsorte unterschiedlichen Zeitraum beibehalten. Übliche Härtetemperaturen liegen etwa zwischen 850 und 1180 Grad Celsius. Während dieser Wärmebehandlung spielt sich im Stahl eine ganze Menge ab. Im ursprünglichen, also weichgeglühten, Zustand befinden sich die Kohlenstoffatome an einer bestimmten Stelle der Molekularstruktur. Durch die Hitze im Härteofen werden diese Kohlenstoffatome jetzt auf eine andere Ebene gehoben, sie verändern also ihre Position. Das geht nicht ruckartig, sondern braucht eine gewisse Zeit. Daher ist es notwendig, die Klinge eine entsprechend lange Zeit auf der Höchsttemperatur zu halten. Nach diesem Zeitraum ist eine schnelle Abkühlung des Stahls erforderlich. Würde die Klinge langsam abkühlen, würden die Kohlenstoffatome nach und nach wieder ihren ursprünglichen Platz einnehmen und die ganze Prozedur war umsonst. Bei schnellem Abkühlen, etwa durch Eintauchen in Öl, können sie dagegen ihre Ebene nicht mehr verlassen.

Durch die Bindung der Kohlenstoffatome auf einer Ebene, wo sie eigentlich nicht hingehören und sich bei Normaltemperatur gar nicht befinden dürften, entstehen starke Spannungen, welche die Verformbarkeit des Stahls stark herabsetzen. Diese verringerte Verformbarkeit, also die Härte, lässt sich messen und wird in *Rockwell (HRc)* angegeben. Die Klinge ist jetzt zwar hart, aber benutzen kann man sie so noch nicht. Die Spannungen im Stahl sind so hoch, dass die Klinge schon bei geringer Belastung brechen würde. Einfacher Kohlenstoffstahl hat nach dem Abschrecken, wie das plötzliche Abkühlen nach der Härtebehandlung genannt wird, eine Härte von 67 Rockwell. Viel zu viel – fiele eine solche Klinge auf einen Steinboden, zerspränge sie in Stücke. Die hohen Spannungen müssen aus dem Stahl also wieder raus. Dies geschieht durch erneutes Erwärmen auf eine bestimmte Temperatur. Dieser Vorgang wird als *Anlassen* bezeichnet.

Auch die Anlasstemperaturen sind je nach Stahlsorte unterschiedlich und liegen zwischen 200 und 500 Grad Celsius. Bei einigen Stahlsorten muss dieser Vorgang mehrmals wiederholt werden, um die gewünschte Endhärte zu erreichen. Grundsätzlich nimmt die Härte umso mehr ab, je höher die Anlasstemperatur gewählt wird.

Diese Vorgänge zeigen, dass Härte und Zähigkeit bei Stahl zwei eigentlich gegensätzliche Forderungen sind. Es ist immer ein Mittelweg erforderlich und genau hier liegt der große Unterschied bei den einzelnen Stahlsorten. Während die eine Sorte bei 57 HRc schon viel zu hart, also zu spröde ist, zeigt ein anderer Stahl auch bei 63 HRc noch eine ausreichende Zähigkeit. Diese Ausführungen gelten aber nur für einfache, rostende Kohlenstoffstähle. Zähigkeit und Härte lassen sich durch das Zulegieren anderer Elemente beeinflussen und das macht die Sache bedeutend komplizierter.

Moderne Klingenstähle

Rostender Kohlenstoffstahl wird heute kaum noch im Messerbau verwandt, denn durch die Zugabe von Chrom und Nickel lässt sich rostfreier Stahl herstellen. Andere Elemente erhöhen die Formbeständigkeit oder erbringen eine bessere Zähigkeit bei höherer Härte. Hier sind eine Vielzahl von Kombinationen möglich und laufend werden neue Stahlzusammensetzungen erfunden. Hier auf diese Möglichkeiten detailliert einzugehen, würde den Umfang des Buches sprengen. Konzentrieren wir uns daher auf die modernen Klingenstähle, wie sie heute bei Gebrauchsmessern industriell verarbeitet oder bevorzugt von Messermachern verwandt werden.

Hierbei handelt es sich in erster Linie um rostfreie Stahlsorten, die auf herkömmliche Weise erschmolzen werden. Die Bezeichnung *rostfrei* ist allerdings nicht ganz richtig, denn unter bestimmten Voraussetzungen, etwa unter dem Einfluss von Meerwasser oder Obstsäuren, können auch als rostfrei bezeichnete Stähle durchaus korrodieren. Um einen absolut rostfreien Stahl zu erhalten, müsste entweder der Kohlenstoffanteil gesenkt oder aber der Chrom/Nickelanteil erhöht werden. Beides ginge aber zulasten der Schnitthaltigkeit und wäre ein schlechter Kompromiss. Die ersten rostfreien Stahlsorten, die im Messerbau eingesetzt wurden, waren auf diese Weise legiert und haben dem rostfreien Stahl den Ruf der schlechteren Schnitthaltigkeit im Vergleich zum rostenden Kohlenstoffstahl eingetragen. Diese irrige Meinung ist sogar heute noch vereinzelt zu hören. Moderne Stahlsorten sind einfachen Kohlenstoffstählen in allen Punkten, auch der Schnitthaltigkeit, überlegen. Trotzdem werden auch heute noch Jagdmesser aus einfachen Stahlsorten wie 1.4034 angeboten und auch verkauft. Das zeigt, wie wenig die Kunden über Klingenstahl informiert sind.

Um die Qualität eines Stahl überhaupt beurteilen zu können, muss natürlich seine Zusammensetzung bekannt sein. Die nachfolgende Tabelle gibt Aufschluss über die Legierungsbestandteile der heute im Messerbau eingesetzten Stahlsorten.

Ein Blick in die Tabelle zeigt ganz klar, dass alle heute als hochwertig einzustufenden Stähle wie etwa 440C, 154 CM oder sein japanisches Gegenstück ATS 34 einen Kohlenstoffanteil von über 1 % haben. Alle diese Stähle können relativ hoch gehärtet werden und behalten auch im Bereich von 58 bis 63 HRc noch eine ausreichende Zähigkeit und Elastizität. Wird die Messerklinge nicht als Schraubendreher, Axt oder Brecheisen missbraucht, hält eine solche Klinge eigentlich allen Belastungen stand. Der Chromgehalt im Stahl ist ausschlaggebend für die Korrosionsbeständigkeit. Ein Blick in die Spalte Cr (Chrom) zeigt schnell, warum ein Stahl wie D2, der nur 12 % Chrom aufweist, unter Umständen schon nach kurzer Zeit in einer feucht gewordenen Messerscheide Flecken aufweist, während eine 440C-Klinge nur in ganz extremen Fällen angegriffen wird.

Dafür zeigen Stahlsorten wie D 2, 1.2436 oder 1.2601 gegenüber Sorten wie den genannten Stählen 440C, 154CM oder ATS 34 eine merklich bessere Schnitthaltigkeit. Ihr eigentlicher Nachteil ist die Pflegebedürftigkeit durch den geringen Chromanteil. Hier drängt sich natürlich die Frage auf, ob die bessere Schnitthaltigkeit allein am höheren Kohlenstoffanteil und der höhere Härte liegt, oder ob noch andere Faktoren eine Rolle spielen. Da es Stahlsorten gibt, die korrosionsbeständiger, aber trotzdem schnitthaltiger sind als D2, muss dies wohl der Fall sein. Ein weiterer Blick in die Stahltabelle zeigt, dass es noch einige Bestandteile gibt, aus denen moderner Stahl besteht. Von großer Bedeutung sind V und W, sie stehen für Vanadium und Wolfram. Neben Chrom und Titan zählen auch Vanadium und Wolfram zu den so genannten *Karbidbildern*, das heißt, sie gehen eine Verbindung mit dem überschüssigen Kohlenstoff ein. Die so entstehenden Karbide sind extrem hart. Daraus werden zum Beispiel Wendeplatten für Drehbänke oder Fräsmaschinen gefertigt, die der Techniker »Widiaplatten« nennt. Dieser Begriff kommt von der vergleichenden Bezeichnung »Wie Diamant«. Widiaplatten sind natürlich sehr spröde und für Messerklingen völlig unbrauchbar. Sind solche Karbide aber gleichmäßig im Stahl verteilt, erhöhen sie die Schnitthaltigkeit erheblich ohne die Zähigkeit zu beeinträchtigen. Dies zeigt nochmals, dass nicht allein die Härte einer Klinge Maßstab für ihre Schnitthaltigkeit ist. Von wesentlicher Bedeutung ist dagegen der Anteil der Karbide im Stahl.

Wie schon am Anfang des Kapitels erwähnt, ist die Zulegierung von Kohlenstoff und auch Karbidbildern begrenzt. Werden die Grenzen überschritten, kommt es durch Konglomeratbildung zu einer Strukturvergröberung bis hin zur Unbrauchbarkeit des Stahls. Stahlsorten wie D2, 1.2436 oder 1.2601 liegen so ziemlich an der Obergrenze des im herkömmlichen Verfahren möglichen.

Legierungsbestandteile von Messerstählen

Werkstoff	Andere Bezeichnung	C	Si	Mn	Cr	Mo	Ni	v	W	Co	härtbar bis
1.4122	—	0,4	0,3	0,6	17	1	1	—	—	—	46 HRc
1.4034	—	0,46	1	1	13	—	—	—	—	—	52 HRc
1.4116	—	0,5	1	1	14	0,5	—	0,16	—	—	54 HRc
1.4109	—	0,65	1	1	14	0,5	—	—	—	—	56 HRc
1.4110	—	0,6	1	1	14	0,5	—	—	—	—	56 HRc
—	AEB-L	0,7	0,3	0,6	13,5	0,3	—	—	—	—	56 HRc
1.4108	—	1,0	1	1	13	0,4	—	—	—	—	60 HRc
1.4111	—	1,1	1	1	15	0,5	—	0,15	—	—	60 HRc
1.1412	440 B	0,9	1	1	18	1	0,3	0,1	—	—	58 HRc
—	154 CM	1,05	0,3	0,6	14	4	—	—	—	—	61 HRc
—	ATS 34	1,05	0,3	0,6	14	4	—	—	—	—	61 HRc
1.4125	440 C	1,1	0,5	0,6	17	0,6	—	—	—	—	60 HRc
1.4535	—	0,95	0,5	1	17	0,5	—	0,3	—	1,8	60 HRc
1.4528	—	1,1	0,3	0,5	17	1,1	—	0,1	—	1,5	60 HRc
Rostträge, D2 – ähnliche Stähle											
1.2379	D 2	1,55	0,3	0,3	12	0,8	—	0,8	—	—	62 HRc
1.2601	—	1,65	—	—	12	—	—	0,3	0,5	—	62 HRc
1.2436	—	2,05	0,3	0,8	12,5	—	—	1,3	—	—	63 HRc
1.2080	—	2,0	0,3	0,3	12	—	—	—	—	—	63 HRc
1.3343	—	0,9	—	—	4,2	5	—	2	6,5	—	65 HRc
—	Stellite 6 K	1,6	2	2	28	1	3	—	4,5	60	46 HRc
Pulvermetallurgische Stähle											
3344	ASP 23	1,27	—	—	4,2	5	—	3,1	6,4	—	65 HRc
—	ASP 30	1,27	—	—	4,2	5	—	3,1	6,4	8,5	65 HRc
—	Vanadis 4	1,5	1	0,4	8	1,5	—	4	—	—	60 HRc
—	Elmax	1,7	0,4	0,3	17	1	—	3	—	—	60 HRc
—	CPM 10 V	2,45	0,9	0,5	5,5	1,3	—	9,75	—	—	62 HRc
—	CPM.T.440 V	2,2	0,5	0,5	17,5	0,5	—	5,75	—	—	60 HRc
—	CPM.T.420 V	2,2	0,5	0,5	13,3	1,2	—	9,1	—	—	60 HRc
—	MV 12	3,1	0,3	0,5	12	1,2	—	5	1	—	64 HRc

Pulvermetallurgischer Stahl

Wird mehr verlangt, ist ein wesentlich höherer Aufwand nötig. Um verschleißfestere Stähle zu bekommen, wurden die pulvermetallurgischen Verfahren entwickelt. Hierbei ist es möglich, einen wesentlich höheren Karbidanteil in die Stahlmatrix einzubetten als dies beim Schmelzverfahren der Fall ist. Pulvermetallurgie darf keinesfalls mit »Sintern« verwechselt werden. Unter Sintern versteht man ein formgebendes Verfahren, bei dem ein Metallgranulat in eine Form gepresst und anschließend gebacken wird. Dabei verbinden sich die einzelnen Granulatkörnchen nur an den Berührungsstellen. Die eigentliche Stahlzusammensetzung wird aber nicht verändert. Kennzeichnend für Sintermetall ist das durch die Porösität bedingte geringere Gewicht gegenüber erschmolzenem Metall. Für eine Messerklinge ist die Festigkeit von Sintermetall völlig unzureichend. Bei der pulvermetallurgischen Stahlherstellung handelt es sich um ein *heißisostatisches Pressen.* Feinstes Stahlpulver einer hochwertigen Sorte, etwa 440 C, wird mit Vanadiumkarbidpulver vermischt bis eine homogene Verteilung der Partikel erreicht ist. Dieses Gemisch wird in einem Behälter mittels Vakuumpumpe entgast und verdichtet. Dieses komprimierte Gemisch wird bis knapp unterhalb der Schmelztemperatur erhitzt und mit sehr hohem Druck zusammengepresst. Dadurch wird eine homogene Verschweißung des Materials erreicht, wobei Lufteinschlüsse und Porösität ausgeschlossen sind. Pulvermetallurgisch hergestellter Stahl ist also kein Sintermetall, sondern eine Art Damaszenerstahl, der aus mikroskopisch kleinen Teilen geschmiedet wurde. Da das Stahlgemisch nicht bis auf die Schmelztemperatur erhitzt wurde, kann es auch nicht zur unerwünschten Konglomeratbildung kommen. Die Karbide bleiben gleichmäßig in der Matrix erhalten. Ein Vergleich der Gefügeaufnahmen von D 2 und dem pulvermetallurgisch hergestelltem CPM-T-440 V unter dem Elektronenmikroskop zeigt, dass CPM-T-440 V trotz des wesentlich höheren Karbidanteils eine deutlich feinere und gleichmäßigere Verteilung aufweist. Dies zeigt die hohe Qualität dieses pulvermetallurgischen Stahls. Qualität hat bei Messerstahl aber auch seine Nachteile und zwar in der Bearbeitung der Klinge. Als 1983 die amerikanische Firma Cruxible diese damals neue Stahlsorte auf den Markt brachte, verteilte sie Materialmuster an einige Messermacher. Diese waren wenig begeistert, denn die Bearbeitung war alles andere als einfach und der Preis sehr hoch. Messer aus CPM-T-440 V wären damit also nicht nur schwierig herzustellen, sondern auch noch deutlich teurer als solche aus anderen Stahlsorten. Renner bei den Messermachern war damals Stellite 6 K, der ebenfalls einen sehr hohen Karbidanteil hat, aber eine Knetlegierung ist, bei der anstelle von Stahl Kobalt verwendet wird. Diese Kobaltmatrix hat eine Naturhärte von 46 HRc und

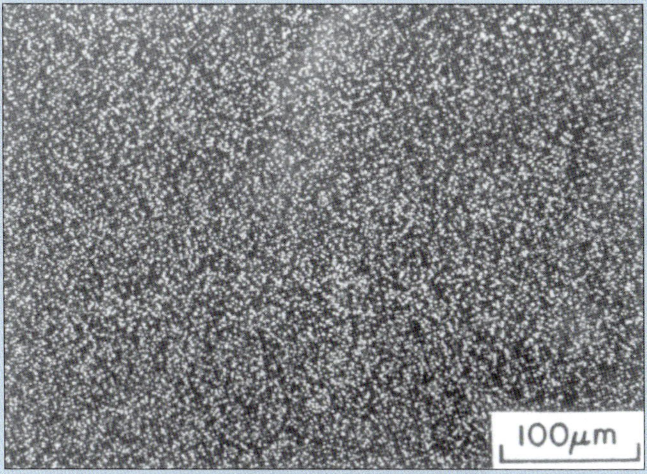

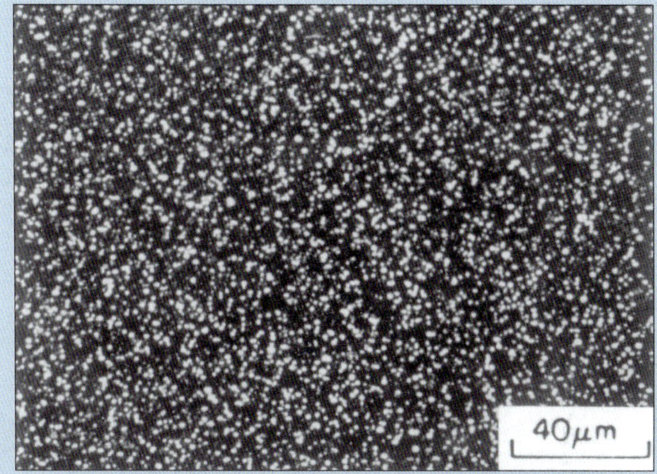

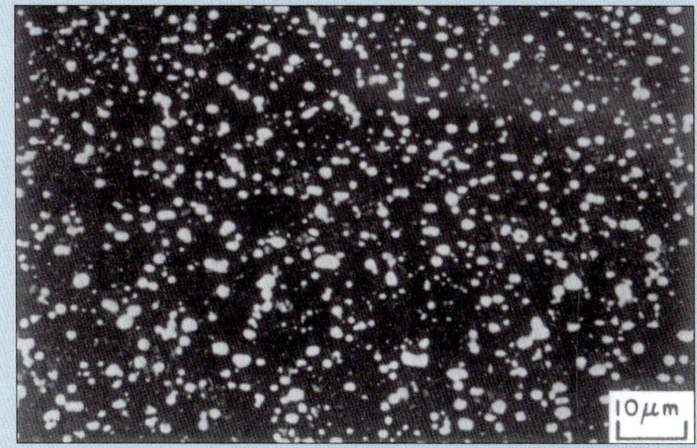

Rasterelektronen-optische Gefügeaufnahmen von CPM-T-20 (oben) und herkömmlichem Klingenstahl. Die gleichmäßigere Verteilung der Karbide ist deutlich zu erkennen.

lässt sich auch nicht höher härten. Stellite K 6 ist sehr verschleißfest und eignet sich hervorragend für eine stumpfwinklige Schneidgeomerie, wie sie im Industriebereich relativ häufig anfällt. Eine Messerklinge aus Stellite K 6 zeigt sich von der starken Seite, wenn überwiegend weiches Schnittgut verarbeitet wird. Probleme gibt es allerdings, wenn die Schneide, wie bei Jagdmessern ja nicht auszuschließen, mit hartem Material, etwa Knochen, in Berührung kommt. 46 HRc sind hier einfach zu wenig und die Schneide legt sich schnell um. Entsprechend der hohen Verschleißfestigkeit wird das nachschärfen dann zu einer schweißtreibenden Angelegenheit.

Sieht man sich dagegen die Zusammensetzung von CPM-T-440 V an, wird sofort klar, dass dieser Werkstoff zwar weniger Karbide als Stellite 6 K enthält, sich dafür aber bis auf 62 HRc härten lässt. Für einen Klingenstahl also beste Eigenschaften, zumal in einem Industrietest eine achtzehnfache Verschleißfestigkeit gegenüber D 2 festgestellt wurde. Nachdem die Firma Zapp in Ratingen diesen Stahl in ihr Programm aufgenommen hatte, konnte es losgehen und

die ersten CPM-Messer entstanden. Die Bearbeitungsschwierigkeiten waren enorm und der Aufwand entsprechend hoch. Nachdem die ersten Hehn-Messer aus pulvermetallurgischem Stahl auf dem Markt waren, zeigte sich zwar schnell die technische Überlegenheit des Materials, doch die Mehrzahl der Messermacher war gerade darüber alles andere als glücklich. Nach dem Motto, »Was der Kunde nicht kennt, das verlangt er auch nicht«, wurde weiter am Schmelzstahl festgehalten, der sich ja viel günstiger verarbeiten ließ. Der CPM wurde totgeschwiegen oder, wenn das nicht ging, sogar versucht, ihm alle möglichen schlechten Eigenschaften anzudichten. Aus geschäftlicher Sicht war dies zwar zu verstehen, denn die Gewinnspanne schrumpft bei der Verwendung von CPM-Stahl, doch ein Messermacher sollte eigentlich nach der Philosophie handeln, dass ein hochwertiges, von Hand gefertigtes Messer auch aus dem besten Ausgangsmaterial bestehen sollte, das zu bekommen ist. Nur so ist ein gewisser Qualitätsabstand zum weitaus günstigeren Fabrikmesser zu bewahren und der Kunde bekommt für sein Geld ein Erzeugnis, das sich nicht nur optisch, sondern auch in Sachen Leistungsfähigkeit von Massenware unterscheidet. Nur wenn die Qualität über jeden Zweifel erhaben ist, wird die Zunft der Messermacher auf Dauer Bestand haben. Dem materialunkundigen Kunden ein hübsch gemachtes hochglanzpoliertes Jagdmesser zu verkaufen, das aus Standardstahl besteht, ist sicher nicht schwer. Doch wenn das gute Stück nach dem ersten Bock stumpf ist, hat der Messermacher seinen guten Ruf eingebüßt. Wer viel Geld für ein handgefertigtes Messer ausgibt, geht davon aus, dass er für sein gutes Geld nicht nur ein optisch, sondern auch technisch überragendes Produkt erwirbt, das einem Serienmesser in allen Bereichen voraus ist. Hier ist aber auch der Kunde gefordert. Nur wenn er mit seinen Fragen den Hersteller zwingt zum Stahl genaue Aussagen zu machen, oder von vornherein auf

Integralmesser aus CPM-Stahl.

eine bestimmte Stahlsorte besteht, bekommt er auch, was er eigentlich will. Dies ist auch einer der Gründe, warum dieses Buch entstanden ist. Der informierte Kunde, der weiß was er will, ist für manche Messermacher zwar ein schwieriger, doch letztendlich auch zufriedener Kunde, wenn seine Wünsche erfüllt worden sind.

Doch nach diesem Ausflug in die Grundsätze und Probleme des handwerklichen Messerbaues nun zurück zum eigentlichem Thema Stahl.

Bevor der CPM-T-440 V als *der* Messerstahl in der Hehnschen Werkstatt eingesetzt wurde, waren noch etliche Versuche und Erprobungen nötig. Die ersten Testkandidaten waren Küchenmesser: Sie zeigten überragende Eigenschaften und begeisterten die Damen in der Küche. Die ersten Jagdmesser wurden in Kanada ausprobiert und zeigten, dass die Schnitthaltigkeit gegenüber D 2 enorm gesteigert werden konnte. Biegeversuche unter der Spindelpresse zeigten, dass CPM bei 62 HRc mindestens so bruchempfindlich ist wie D 2 bei gleicher Härte. Das befriedigte natürlich nicht und die Härte wurde etwas zurückgenommen. Bei 60 HRc sah es schon wesentlich besser aus und 58 HRC erwiesen sich als optimal. Dies wurde festgestellt, als eine auf 58 HRC gehärtete 3,3-mm-Klinge sich beim Härten sehr stark verzogen hatte. Diese Klinge wurde auf zwei 35 Millimeter hohe Hartholzklötze gelegt, die 155 Millimeter auseinander lagen. Mitten auf die Klinge kam ein weiterer Hartholzklotz und dann wurde die Spindelpresse langsam heruntergedreht, bis die durchgebogene Klinge die Grundplatten der Presse berührte. Nach dem Hochdrehen der Presse federte die Klinge in ihre ursprüngliche Lage zurück. Damit war zwar klar, dass sich eine verzogene Klinge durch Drücken oder Biegen nicht mehr richten ließ, doch viel wichtiger war die Feststellung, dass die CPM-Klinge diese extreme Belastung aushielt ohne zu brechen. Gleich ausgelegte Versuche mit einer D 2- und einer 440 C-Klinge zeigten, dass D 2 (62 HRc) nach 16 Millimeter und 440 C (60 HRc) bereits nach 8 Millimeter Biegeweg brachen. Doch wie wirkte sich die verminderte Härte auf die Schnitthaltigkeit aus? Auch hier zeigte der CPM-T-440 V seine Überlegenheit. Die Schnitthaltigkeit wird von den Karbiden im Stahl gewährleistet und die Klinge selbst muss nur so weit gehärtet werden, dass sich die Schneide, zum Beispiel bei Knochenkontakt, nicht umlegt. Dazu reichen 58 HRc völlig aus. In der Praxis zeigten sich dann auch zwischen CPM-Klingen mit 58 HRc und 62 HRc bei der Schnitthaltigkeit keine Unterschiede. Die weichere Klinge schnitt – im wahrsten Sinne des Wortes – eigentlich sogar besser ab, denn nach harter Beanspruchung zeigte die auf 62 HRc gehärtete Klinge unter dem Vergrößerungsglas winzige Ausbrüche in der Schneide. Auf 58 HRc gehärtete CPM-Klingen sind also bei höherer Schnitthaltigkeit bedeutend elastischer als

Klingen aus herkömmlichem Stahl, die wesentlich höher gehärtet werden müssen, um die optimale Schnitthaltigkeit zu erhalten. Wie sich Jagdmesser aus CPM-T-440 V im Einsatz verhalten, zeigte sich, als die ersten Messer zum Nachschärfen eintrafen. Um zu vermeiden, dass hochwertige Custom-Messer durch unsachgemäßes Schärfen verdorben werden, bieten verschiedene Messermacher ihre Dienste an. So wird beispielsweise jedes Hehn-Messer kostenlos geschärft. Von dieser Dienstleistung wird ausgiebig Gebrauch gemacht und die daraus gewonnenen Erkenntnisse sind sehr interessant.

Im Laufe der Jahre hat sich herausgestellt, dass ein Jagdmesser in der Standardgröße mit 9,5 Zentimeter langer Klinge nach ca. 2fi bis drei Jahren zum Schärfen eingeschickt wird. Das sind umgerechnet etwa 25 bis 30 Stück Wild, die versorgt werden. Dies zeigt, dass man von einer mindestens fünffachen Schnitthaltigkeit gegenüber dem ursprünglichen 440 C sprechen kann. Diese Daten wurden aus Kundenbefragungen gewonnen und beziehen sich auf Messer im jagdlichen Einsatz. Hier ist ein wesentlich besserer Vergleich möglich als bei Messern, die etwa von Campingfreunden oder Wasserwanderern benutzt werden, denn die hier ausgeführten Arbeiten lassen sich schlecht in Zahlen ausdrücken.

Ganz neu ist die Stahlsorte CPM-T-420 V. Dieser Stahl hat mehr Vanadiumkarbide als der CPM-T-440 V und enthält zusätzlich 1,2 % Molybdän. Der Chromanteil beträgt zwar nur 13,3 %, aber er hat 12,3 bis 12,8 % freies Chrom in der Matrix und das ist genauso viel wie der CPM-T-440 V mit 17 % Chromanteil. Dies bedeutet, dass der Anteil an groben, unerwünschten Chromkarbiden wesentlich geringer und die Korosionsbeständigkeit höher ist. Labortest haben außerdem erwiesen, dass die Verschleißfestigkeit gegenüber dem CPM-T-440 V noch höher ist. Das feinere Materialgefüge kommt zudem der Elastizität zugute. Diese neue Stahlsorte verdient größte Beachtung. Wenn die Klingen in der Praxis halten was sie in der Theorie versprechen, könnte der CPM-T-420 V den CPM-T-440 V bald von seinem Spitzenplatz ablösen.

Nach diesen Ausführungen stellt sich unweigerlich die Frage, warum nicht viel mehr Messer aus hochwertigen pulvermetallurgischen Stählen gefertigt werden. Die geringen Stückzahlen, gefertigt von einigen Messermachern, die diesen Stahl inzwischen als Optimum erkannt haben, stehen in keinem Verhältnis zu den Mengen aus industriellen Fertigung. Abgesehen vom amerikanischen Hersteller Spyderco, der zwei Klappmessermodelle mit CPM-Klingen anbietet, traut sich kein Hersteller an diesen, sicher nicht einfach zu bearbeitenden Stahl heran. Die Investitionen in eine sicher notwendige neue Bearbeitungstechnologie werden als zu hoch und unrentabel eingeschätzt. Hier spielen natürlich auch die

Zweifel der Hersteller an die Bereitschaft des Kunden, für Spitzenqualität auch einen entsprechenden Preis zu zahlen, eine Rolle. Doch gerade das könnte in der heutigen Zeit, wo immer mehr preiswerte Produkte aus Billiglohnländern auf den Markt drängen, schnell zum Bumerang werden. Nur wer sich von der Masse abhebt, und zwar mit Qualität, wird auf Dauer im Geschäft bleiben.

Vorzüge verschiedener Stahlsorten

Werfen wir noch einmal einen Blick in die Stahltabelle, denn auch andere Stahlsorten sind durchaus interessant. So eignet sich die Stahlsorte 1.4122 – ein Vergütungsstahl mit geringem Kohlenstoffgehalt, aber 17 % Chrom – bestens für Klappmesserbacken. Für Klappmesserfedern ist er aber nicht genügend härtbar. 1.4034 hat einen wesentlich geringeren Chromanteil, lässt sich dafür aber bis auf 52 HRc härten. Er ist zwar von miserabler Schnitthaltigkeit, aber dafür korrosionsbeständig und gut polierfähig. Industriell wird er für preiswerte Schneidewerkzeuge aller Art verwendet. Bestens geeignet ist dieser Stahl aber für Klappmesserfedern.

AEB-L ist eine schwedische Stahlsorte, die speziell für die Fertigung von Rasiermessern entwickelt wurde. Dieser Stahl ist sehr interessant und verdient eine nähere Betrachtung, denn er steht auch stellvertretend für andere Sorten dieser Klasse. AEB-L ist von sehr feinkörniger Struktur und bis etwa 56 HRc härtbar. Für ein Rasiermesser somit optimal, denn eine gröbere Stahlstruktur würde ein unangenehmes Reißen beim Rasieren zur Folge haben. Dieser Stahl wird unter anderem auch zur Fertigung guter Bestecke, Haushalts- oder Metzgermesser verwandt. An dieser Stelle lässt sich die Abgrenzung zwischen Gebrauchs- und Jagdmessern gut aufzeigen: Metzgermesser sind Spezialwerkzeuge, die oft stundenlang ununterbrochen im Einsatz sind. Dementsprechend ist die Schneidegeometrie ausgelegt. Die Schneide ist dünn und sehr spitzwinklig gehalten, damit sie gut in das Schnittgut eindringen kann. Es ist somit klar, dass hier nur ein sehr feinkörniger und elastischer Stahl benutzt werden kann. Die optimale Arbeitsschärfe halt natürlich nicht sehr lange und muss immer wieder erneuert werden. Damit dies in kurzer Zeit möglich ist, werden Metzgermesser nicht sehr hoch gehärtet. Sie lassen sich an einem so genannten *Wetzstahl* abziehen, der in seiner Rautiefe auf die Härte der Klinge abgestimmt ist und so ein schnelles Abziehen ermöglicht, sodass der Arbeitsfluss kaum unterbrochen wird. Selbstverständlich wird auch hier versucht, die Schnitthaltigkeit zu optimieren, wesentliches Kriterium bleibt aber die schnelle und gute Schärfbarkeit mit einfachen Mitteln. Solche Spezialmesser sind für einen festen Arbeitsplatz ausgelegt, wo auch noch andere Werkzeuge wie Beil und Knochensäge zur

Verfügung stehen. Auch Haushalt- und Küchenmesser sind prinzipiell nach den gleichen Gesichtspunkten gestaltet. Zusammenfassend lassen sich diese Messer als Schneidwerkzeuge mit dünnen, spitzwinkligen Klingen aus korrosionsbeständigen, feinkörnigen und nicht zu hoch gehärteten Stahl beschreiben. Außer dem genannten AEB-L können auch die Legierungen 1.4109, 1.4110 oder 1.4116 eingesetzt werden.

Ganz anders sind jedoch die Forderungen, die an ein Jagd- oder auch Freizeitmesser gestellt werden. Ein fest eingerichteter Arbeitsplatz mit Hilfsmitteln für die groben Arbeiten ist nicht vorhanden und die Messerklinge ist nicht allein zum Schneiden von weichem Schnittgut gedacht. Sie muss wesentlich mehr leisten. Auch hartes Schnittgut wie Holz oder Knochen kommt mit der Schneide in Berührung und muss verarbeitet werden. Die anfallenden Arbeiten und Einsatzmöglichkeiten sind extrem vielfältig und es ist eine hohe Beanspruchung der Klinge zu erwarten. Dementsprechend anders muss auch die Schneidegeometrie ausfallen. Die Klinge wird dicker gehalten und die Schneide stumpfwinkliger angeschliffen, um ein Umlegen – bei höher härtbaren Stählen ein Ausbrechen – zu vermeiden. Allein durch die geänderte Schneidegeometrie kann das sonst so bewährte Schärfmittel Wetzstahl hier nicht mehr sinnvoll eingesetzt werden. Von einem universell einsetzbarem Jagd- oder Freizeitmesser wird aber auch erwartet, dass es möglichst lange seine Schärfe hält. Denn wenn die Klinge draußen in der Natur mitten bei der Arbeit stumpf wird, wird das Nachschärfen zum Problem. Einmal ganz abgesehen von der Tatsache, dass viele Messerbesitzer die Kunst des Schärfens nicht oder nur sehr mangelhaft beherrschen, kann das Schärfen einer Klinge unterwegs immer nur ein Notbehelf sein. Aus diesen Tatsachen resultiert die berechtigte Forderung an die Qualität des Klingenstahls. Abgesehen von den pulvermetallurgischen Stählen bleiben im Grunde nur wenige Stahlsorten, die sich für hochwertige Gebrauchsmesser eignen: 440 C, 154 CM, ATS 34, D 2, 1.2436 und 1.2601.

Lange Zeit wurden diese Stähle nur von Messermachern verarbeitet. Heute werden sie industriell für hochwertige Messer eingesetzt. Beim Kauf eines Messer ist es also ratsam, sich genau nach dem Klingenstahl zu erkundigen, denn auf der Klinge ist er nur in den seltensten Fällen eingeschlagen. Allein die Bezeichnung 440 sagt auch nicht viel, denn wirklich brauchbar ist nur 440 C, während 440 A und 440 B bedeutend minderwertiger sind. In der Stahltabelle sind daher neben den DIN-Bezeichnungen auch die Handelsnamen der verschiedenen Stahlsorten aufgeführt, die industriell eingesetzt werden. Die genaue Stahlbezeichnung findet sich leider selbst in den Katalogen der Hersteller nur höchst selten, und viele Händler wissen nicht, was sie ihren Kunden verkaufen. Wer ein industriell hergestelltes Messer kauft, sollte sich genau nach der Stahlsorte erkundigen, denn sie ist das wesentlichste Qualitätsmerkmal eines Messers.

Damit wollen wir den Bereich des erschmolzenen oder pulvermetallurgisch hergestellten Stahls verlassen und uns der dritten großen Stahlsorte zuwenden, um die sich viele Legenden und Geschichten ranken: Dem *Damaststahl*

Damaststahl

Die Bezeichnung Damast wird mit der syrischen Stadt Damaskus verknüpft, wo diese Schmiedekunst angeblich entwickelt wurde. Letzteres lässt sich nicht beweisen. Mit Sicherheit war Damaskus jedoch ein bedeutendes Handelszentrum, wo Klingen aller Art in großen Stückzahlen angeboten wurden.

Die Kunst des Schmiedens von Damaststahl war schon vor der Zeitenwende bis ungefähr ins 6., 7. Jahrhundert n. Chr. von Nordeuropa über den Orient bis nach Indien verbreitet. Die alten Schwertschmiede wussten, dass reines Eisen zu weich und Material mit hohem Kohlenstoffanteil zu spröde für Schwertklingen war. Die aufgekohlten Stähle waren damals sicherlich ein Zufalls- oder Nebenprodukt der Schmiede, denn Kenntnisse und Möglichkeiten zur gezielten Steuerung der Kohlenstoffaufnahme gab es zu dieser Zeit noch nicht. So war das Verschmieden von weichem mit sprödem, kohlenstoffangereicherten Eisen die einzige Möglichkeit, eine brauchbare Klinge zu erhalten. Auf die Struktur und die ornamentale Wirkung des Damastes, die heute von großer Bedeutung ist, hat man damals sicherlich nicht geachtet. Über einen langen Zeitraum hinweg wurde die Technik des Damastschmiedens verfeinert und weiter entwickelt. Heute weiß man, dass beim

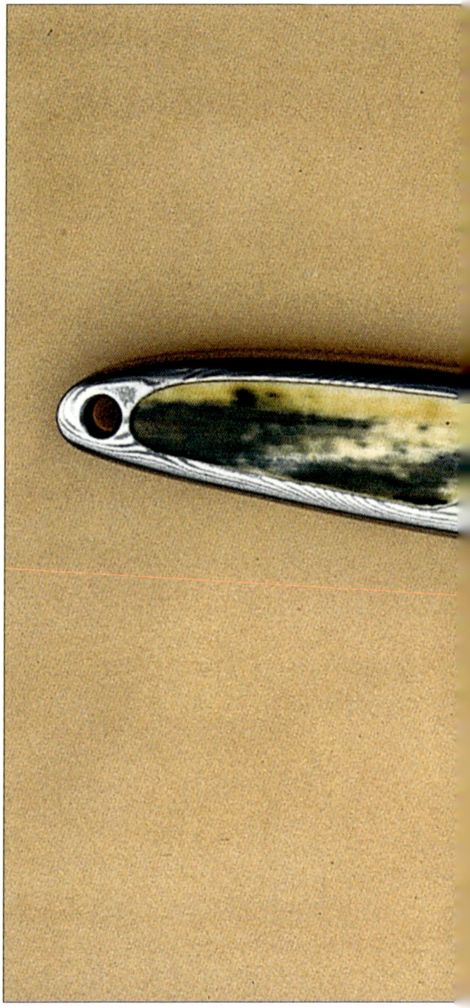

Messer mit Damastklinge.

Verschmieden von kohlenstoffarmen mit kohlenstoffhaltigem Stahl, Kohlenstoff in den weniger kohlenstoffhaltigen Stahl diffundiert. Je öfter das Paket erhitzt wird und je dünner die eingesetzten Lagen werden, umso stärker ist dieser Ausgleich. Schmiedeten nun die japanischen Schwertschmiede Klingen von über einer Million Lagen, so taten sie – bewusst oder unbewusst – nichts Anderes, als auf diesem Wege ein homogenes Gefüge mit optimalem Kohlenstoffanteil zu erzeugen. Mit zunehmender Erfahrung lernte man einerseits die Kohlenstoffaufnahme zu steuern, andererseits begann man aber auch, die auf den Klingen sichtbare Struktur- und Farbunterschiede zu nutzen und fertigte zunehmend gezielte Muster. Waren anfänglich unbestritten der Nutzwert, Schnitthaltigkeit und hohe Elastizität der Damastklingen ein Grund für ihre Beliebtheit, so gewann in späteren Zeiten ihr optischer Eindruck an Bedeutung. Spätestens ab

dem 12. Jahrhundert n. Chr. war es kein Problem mehr Stahlsorten herzustellen, die den Damaststählen ebenbürtig, wenn nicht gar überlegen waren. So hat sich bei den Damastschmieden im Laufe der Zeit ein Wandel vom Handwerk zum Kunsthandwerk vollzogen. Bis ins 17. Jahrhundert wurden die Damastklingen von den herkömmlich hergestellten Klingen weitgehend verdrängt. Erst im 18. Jahrhundert begann man wieder vermehrt Damast zu schmieden, und zwar nicht nur für Klingen, sondern auch für Gewehrläufe. Dies geschah aber nicht der Qualität wegen, im Vordergrund stand eindeutig der optische Effekt. Damastschmieden ist somit bis heute Kunsthandwerk geblieben. Dies ging soweit, dass die Industrie »falschen« Damast herstellte: Herkömmlicher Stahl wurde mit einem aufgesetzten oder aufgedruckten Muster versehen, um ihm das Aussehen von Damast zu verleihen. Wird das Muster beschädigt oder abgeschliffen, ist der Effekt natürlich dahin.

Um Damaststahl ranken sich viele Mythen und Legenden, die heute noch dazu führen, dass die Eigenschaften von Damast vielfach überbewertet werden. Es ist natürlich ohne weiteres möglich, einen als Klingenstahl eigentlich ungeeigneten, zu hoch legierten Stahl mit einer niederlegierten Sorte zu verschmieden und so eine hohe Schnitthaltigkeit bei ausreichender Elastizität zu erhalten. Doch an die Leistung von modernen Stahlsorten, besonders den pulvermetallurgischen, wird man so nie herankommen. Aus Damaststahl kann man eben nicht mehr herausholen als in den Ursprungsstählen drin ist. Daher ist es auch unmöglich, die Qualität einer Damastklinge genau zu bestimmen. Was genau drin ist, weiß nur der Schmied. Selbst wenn die verarbeiteten Stahlsorten bekannt sind, kann nur die praktische Erfahrung zeigen, welche Eigenschaften die Klinge an den Tag legt. Dadurch, dass beim Schmieden Kohlenstoff von einem Stahl in den anderen diffundiert wird, verändert sich die jeweilige Stahlqualität.

Die am weitesten verbreitete Damastart ist der *Schichtdamast*, dessen Lagen flach aufeinander geschmiedet werden. Diese Damastart ist arbeitstechnisch und von der Festigkeit her die sinnvollste, da die einzelnen Lagen der Klinge ohne Unterbrechung durchgezogen sind. Nach dem Schmieden liegen die Lagen wie die Blätter eines Buches plan übereinander. Würde man aus so einem Paket eine Klinge durch Schleifen herausarbeiten, so hat das Endprodukt eine geradlinige, in Längsrichtung verlaufende Struktur. Die Klinge kann aber auch durch Schmieden in ihre Endform gebracht werden, was die Festigkeit noch erhöht. Fällt die Oberfläche nicht zu eben aus, ergibt sich nach dem Abschleifen der Unebenheiten ein *wilder Damast*, das heißt ein willkürliches, unregelmäßiges Muster. Es ist aber auch möglich, bestimmte Muster zu erzielen, indem man ein

Beim Damastschmieden.

Herstellen eines Gesenkes zum Schmieden von Wellendamast.

vorgeformtes Schmiedegesenk verwendet. Das Damastpaket muss wesentlich dicker ausfallen als die geplante Klinge. Es wird glühend in das Gesenk gelegt und mittels eines mechanischen Hammers wellenförmig durchgeformt. Später wird dann der wellenförmig überstehende Teil des Paketes auf beiden Seiten abgeschliffen. Dabei werden die durchgebogenen Lagen angeschnitten und das gewünschte Muster entsteht. Auf diese Art und Weise hergestellter Damaststahl wird *Wellendamast* genannt. Die verschiedensten Muster, zum Beispiel kleine oder große Rosen, lassen sich vorprogrammieren. Umgekehrt funktioniert dieses Verfahren auch, indem in das ursprüngliche Paket zuerst Wellen geschliffen werden, die man danach flachschmiedet.

Das Schmieden von Damast hat seine Tücken und erfordert eine Menge Erfahrung und eine genaue Kenntnis der Werkstoffe, denn nicht alles passt zusammen. Schnell kann es durch Oxydbildung zwischen den Schichten zu unverschweißten Lagen kommen, die aber erst nach Fertigstellung der Klinge beim Ätzen in Säure sichtbar werden. Wirklich gute Damastschmiede sind heute sehr selten. Es gehört eine Menge Können dazu, um eine Klinge aus drei nebeneinander liegenden Bahnen aus tordiertem Damast mit angeschmiedeter Schneidleiste aus Schichtdamast zu fertigen. Beim Verschweißen der Stäbe kann, um eine unerwünschte Verformung der Muster zu vermeiden, lediglich der seitliche Fließdruck des Materials genutzt werden. Dieser ist aber für eine einwandfreie Verschweißung oft nicht ausreichend und ein Wegbrechen der Schneidleiste kann die Folge sein. Wer sich hiermit befasst, wird auch eine Menge negativer Erfahrungen sammeln.

Rostfreier Damaststahl

Erfahrungen dieser Art waren es auch, die zum rostfreien Damast führten. Grundgedanke war, Damaststahl aus einer Verbindung hochwertiger rostfreier Klingenstähle herzustellen. Eigentlich ist das von vornherein unmöglich, denn rostfreie Stähle sind auf Grund der Chromoxydbildung nicht feuerverschweißbar. Der Durchbruch kam aus der Überlegung heraus, wie sich die lästige Schlackenbildung aus dem Kohlefeuer beim Damastschmieden verhindern ließe. Die Lösung war eigentlich ganz einfach und hieß *Vakuum*. Vakuum kann nicht nur Zunder und Schlacke verhindern, sondern auch die Chromoxydbildung bei rostfreien Stählen. Ein Paket rostfreier Stähle müsste sich also mittels eines schweren Fallhammers unter Vakuumbedingungen miteinander verschmieden lassen und heraus käme rostfreier Damast. Klang eigentlich ganz einfach, doch bis das erste Stück rostfreien Damaststahles auf dem Tisch lag, verging eine Menge Zeit. Die ersten Probleme waren die technischen Einrichtungen. Die nötige Technologie findet sich nur in einer Großschmiede mit entsprechenden Öfen und schweren Fallhämmern. Das nächste Problem war das Rohmaterial. Schnell stellte sich heraus, dass unter einer Materialstärke von fünf Millimeter nichts zu haben war. Dazu war dieses Material auch noch gewalzt und musste zunächst abgefräst werden, um die Zunderschicht zu entfernen. Nötig waren also Maschinen und eine Menge Zeit. Ohne einen Partner mit entsprechenden Möglichkeiten ging es nicht weiter. Als dieser schließlich gefunden war, konnte es losgehen. Zunächst musste das Ausgangsmaterial geschaffen werden. Im ersten Schmiedegang konnten maximal 20 Lagen verschweißt werden. Hochwertige Stähle sind aber so genannte Lufthärter. Dies bedeutete, dass das Paket vor dem Schmieden eigentlich erst weichgeglüht, abgefräst, zersägt, sauber übereinander geschichtet und erneut geschmiedet werden musste. Welch ein Aufwand, ganz abgesehen von der eventuellen Qualitätsminderung durch unkontrollierbare Kohlenstoffdiffusion bei jedem Schmiedegang. Die einzige Möglichkeit, hier zu einem vertretbaren Ergebnis zu kommen, war die, eine ausreichende Anzahl dünnster Blechstreifen übereinander zu packen, umso in einem einzigen Schmiedegang die gewünschte Lagenzahl zu erzielen. Dünner, nicht härtbarer Chromnickelstahl auf Rollen zu bekommen war kein Problem (sofern eine bestimmte Mindestmenge gekauft wurde), doch hochhärtbarer Klingenstahl in einer Stärke von 0,3 Millimeter war nicht auf dem Markt. Einzige Lösung war der schwedische AEB-L (siehe Seite 26). Diese Stahlsorte war von der Leistungsseite her gesehen zwar nicht gerade optimal, aber die einzige Möglichkeit, das Projekt weiter zu führen. Doch selbst hier gab es noch jede Menge Probleme, denn die 50-kg-Rollen, die geliefert wurden, troffen vor Öl und Graphit aus der Walzanlage. An eine Verarbeitung war so nicht zu denken. So mussten zunächst hunderte auf Länge geschnittene Blechstreifen entfettet werden. Der erste Versuch wurde in normaler Atmosphäre gestartet. Das geschichtete Paket kam unter dem Hammer und der Anblick war jämmerlich. Die einzelnen Lagen stellten die Ohren nach allen Richtungen und heraus kam eine skurrile Stahlrose mit Hunderten von Blütenblättern. Ohne Vakuum ging es also nicht. Der nächste Versuch ohne Luft erbrachte dann auch einwandfrei verschweißte Lagen. Vom Schmieden der Pakete bis zum Klingenrohling war es jedoch eine Menge Arbeit, denn wenn wegen der angestrebten Lagenzahl ein höheres Blechpaket übereinander geschichtet wurde, war auch eine gewisse Mindestbreite erforderlich, um ein Kippen oder Verrutschen der Bleche unter dem Hammer zu vermeiden. Dadurch vergrößerten sich die Dimensionen sehr stark und der Damastblock musste entsprechend zersägt, in die einzelnen Streifen die gewünschten Muster geschmiedet, erneut geglüht und abgefräst werden. Die ersten Klingen zeigten

zwar ein sehr schönes Muster mit herrlichem Kontrast, doch die Schnitthaltigkeit ließ zu wünschen übrig. Im nächsten Versuch wurde daher der Anteil von nicht härtbarem Chromnickelstahl auf ein Drittel reduziert. Als dies auch noch nicht ausreichte, wurde der nichthärtbare Chromnickelstahl durch den niederhärtbaren 1.4034 ersetzt. Der gehärtete 1.4034 hatte die gleiche chemische Beständigkeit wie der AEB-L. Dies hatte zur Folge, dass beim Ätzen beide Stähle gleichmäßig abgetragen wurden und die Struktur sich nur undeutlich offenbarte. Außerdem erwies es sich, dass diese Art des Damastschmiedens nicht nur aufwändig, sondern auch sehr materialintensiv war. Es war zwar möglich, eine ein-

Kampfmesser mit beidseitig hohlgeschliffener Damastklinge.

wandfreie Verschweißung zu erreichen, doch die erstreckte sich nur auf etwa zwei Drittel der Paketfläche. An den Rändern, wo das Material widerstandslos fließen und damit dem Hammer ausweichen konnte, gab es zwangsläufig fehlerhafte Stellen. Außerdem ließ sich an den Rändern auch das unterschiedliche Fließverhalten der verwendeten Stähle erkennen, sodass es durchaus vorkommen konnte, dass die Randbereiche aus bis zu 80% einer Stahlsorte bestanden – meist der Sorte mit dem geringerem Kohlenstoffgehalt. Die gesamten Randbereiche waren damit unbrauchbar und mussten weggeschnitten werden. Hinzu kam, dass sich die rostfreien Stähle selbst bei Schmiedetemperatur als sehr schwer verformbar erwiesen. Die Verformungseinschläge beim Schmieden der Muster mussten entsprechend tief sein, um eine ausreichende Durchformen der Lagen zu erreichen. Dies bedeutete, dass beim Abfräsen der Rohlinge erneut etwa zwei Drittel des Materials verloren gingen. Bei dünnen Klingenrohlingen war die Durchformung zwar stets ausreichend, doch bei Klingen über fünf Millimeter Stärke kam es vor, dass die äußeren Lagen zwar das gewünschte Bild zeigten, zum Kern hin aber immer schwächer wurden. Eine optisch gut aussehende Klinge war hier nur noch durch konisches Ausschmieden des Klingenrohlinges zu erreichen. Das beste optische Ergebnis ließ sich durch Tordieren des Schichtdamastes erreichen, wobei die Klinge nicht zusammengesetzt, sondern aus einem einzigen Stab gefertigt wurde, was mögliche Schwachstellen ausschloss. Voraussetzung war jedoch, dass der zu tordierende Stab im Rohzustand eine Querschnitt von mindestens 28 x 28 Millimeter aufwies, um ein gewisses Mindestmaß zu erreichen.

Torsionsmuster kommen am besten bei hohlgeschliffenen Klingen, wie sie bei Kampfmessern bevorzugt werden, zur Geltung. Auch bei dieser Methode müssen aber mindestens zwei Drittel des Materials abgeschliffen werden. Denn wenn der Torsionsstab flach geschmiedet wird, verformen sich die Muster unansehnlich.

Das Projekt *Rostfreier Damast* schloss mit Erfolg ab. War es doch gelungen, rostfreien Damaststahl mit Eigenschaften herzustellen, der in punkto Schnitthaltigkeit und Elastizität den 440 C weit übertraf. Wirtschaftlich betrachtet war die Sache ein Fehlschlag. Eine fast industrielle Fertigung wäre nötig gewesen, um Aufwand und Kosten auf ein rentables Niveau zu senken. Heute ist rostfreier Damast daher eine reine Liebhabersache. Weiterhin wird es aus Hehnscher Produktion rostfreien Damast, hergestellt aus AEB-L und einem korrosionsbeständigem Stahl mit 1,35 Prozent Kohlenstoff, geben, doch die aufwändige Fertigung und entsprechend hohe Preise machen diese Messer zu reinen Sammlerstücken. Sie bestechen durch ihre wunderschöne Optik, technisch und praktisch gesehen sind pulvermetallurgisch hergestellte Stähle wie der CPM-T 440 V aber eindeutig überlegen und dazu noch preiswerter.

Fassen wir die bisher gewonnenen Erkenntnisse über Stahl zusammen, so wird klar, dass – gleich ob Damast- oder Normalstahl – nicht mehr herausgeholt werden kann als an Eigenschaften im Ausgangsmaterial vorhanden sind. Nur wenn genau bekannt ist, aus welcher Stahlsorte eine Klinge gefertigt wurde, kann auch abgeschätzt werden, ob sie den eigenen Ansprüchen und Erwartungen genügen wird. Voraussetzung ist natürlich auch eine fachgerechte wärmetechnische Behandlung. Vor dem Kauf eines Messers, gleich ob aus industrieller Fertigung oder beim Messermacher, ist es also sehr ratsam, sich mit dem Thema *Stahl* eingehend zu beschäftigen.

Formen und Bauweisen

Über die Form einer Messerklinge und insbesondere deren Größe gibt es die unterschiedlichsten Meinungen und Ansichten. Ausschlaggebend ist natürlich der Verwendungszweck, doch beim Einsatz des Messers gibt es die verschiedensten Praktiken, Arbeitsweisen und persönlichen Vorlieben, die sich dann in der Klingenform niederschlagen. Wer kleine, handliche Messer mag und zu führen versteht, wird auch mit einer sechs Zentimeter langen Klinge im Hochwildrevier durchaus glücklich werden. Mit entsprechender Technik lassen sich jede Sau und jeder Hirsch aufbrechen und versorgen. Ein Jäger, der mehr auf größere Messer »steht«, wird solch eine Kurzklinge als Spielzeug bezeichnen. Bei ihm fängt das Jagdmesser ab elf Zentimeter Klingenlänge erst an. Warum sich mit einem kleinen Messer plagen, wenn eine große Klinge bequemer ist? Ansichten, die beide ihre Berechtigung haben, denn jeder hat seinen persönlichen Geschmack und ganz eigene Vorstellungen vom optimalen Messer. Diese beiden Beispiele zeigen schon, wie schwierig es ist zu den Messerformen und Größen allgemein gültige Aussagen zu machen.

Sehen wir uns einmal einige bewährte und weit verbreitete Formen an. Zunächst einmal wäre da die uralte Form des spitz zulaufenden *Nickers.* Die Bezeichnung Nicker deutet schon auf seine Verwendung hin – das »Abnicken« von Wild. Darunter versteht der Weidmann das Durchtrennen der Nervenstränge zwischen Haupt und Nackenwirbel, hauptsächlich beim Rehwild. Ist das Stück nach dem Schuss noch nicht verendet, wenn der Jäger herantritt, stößt er den Nicker zwischen die als Atlas und Dreher bezeichneten Wirbel, dreht die Klinge kurz herum und das Stück ist augenblicklich tot. Eine früher weit verbreitete Methode, die aber heute nur noch selten angewandt wird. Einmal haben die modernen Büchsenpatronen eine sehr hohe Tötungswirkung und zum anderen zieht man heute den Fangschuss mit der Büchse oder Kurzwaffe dem Einsatz der kalten Waffe im Allgemeinen vor. Kaum ein Jäger hat noch Übung im Abnicken und das Reh wird durch den unmittelbaren Kontakt mit dem Hauptfeind Mensch unnötig gequält. Der Fangschuss aus einigen Metern Distanz gilt als weitaus humaner (»weidgerechter«) und sicherer. Ein Nicker kann natürlich nicht nur zum Abnicken benutzt werden, sondern lässt sich auch für die anderen jagdlichen Arbeiten einsetzten. Durch die spezielle Klingenform ist er hier jedoch stark im Nachteil. Um beim Aufbrechen mit einer geraden, spitz zulaufenden Nickerklinge die Schlossnaht im Becken zu durchtrennen,

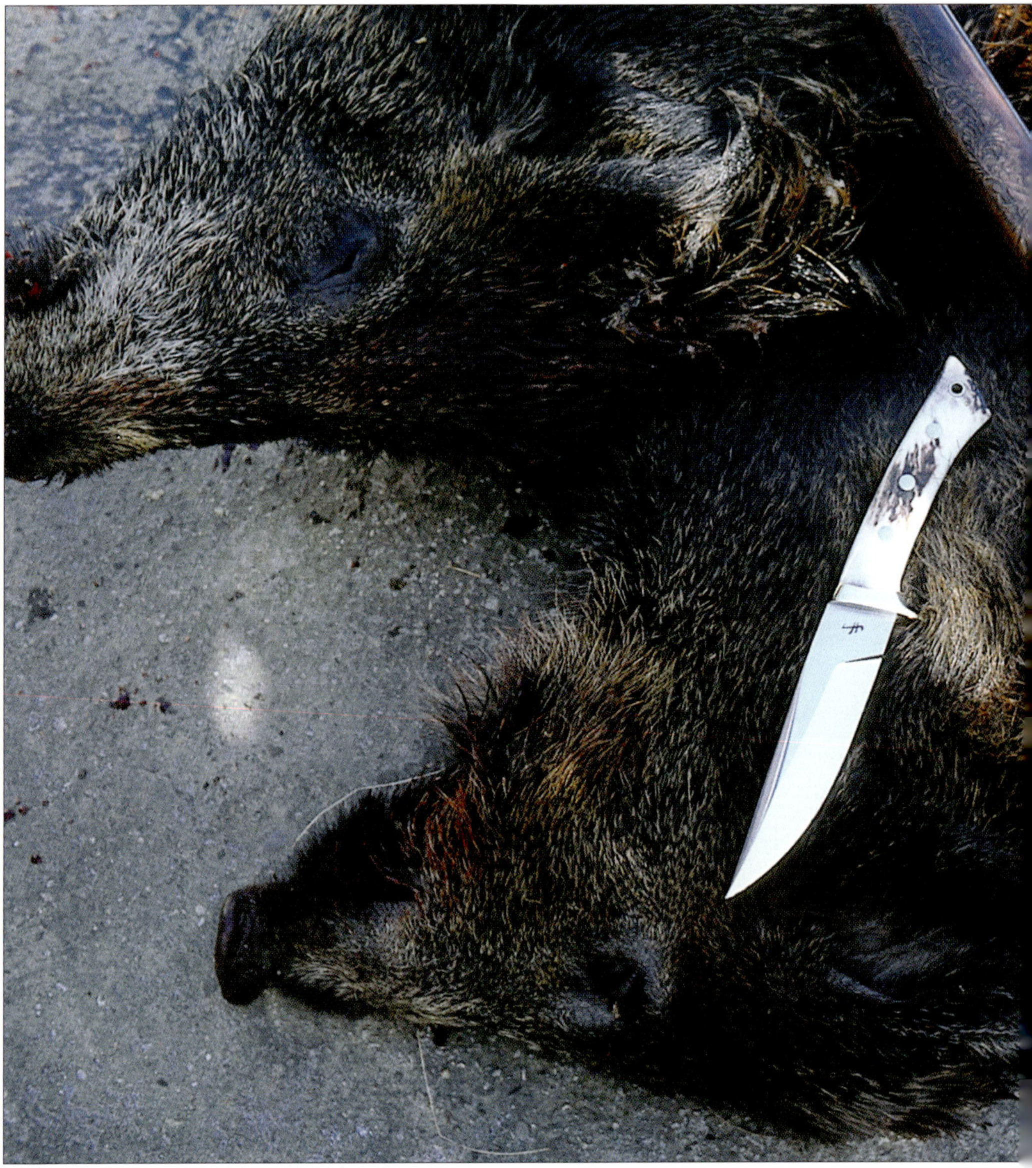

muss die Schneide ziemlich flach angesetzt werden. Das hat eine sehr ungünstige Hebelwirkung zur Folge und der Griff drückt sich fast aus der Hand. Hier ist ein hoher Kraftaufwand erforderlich, um zum Erfolg zu kommen. Oft wird der Begriff »Aufbrechen« sehr wörtlich genommen und die Klingenspitze in die Schlossnaht geklopft. Dann folgen einige schaukelnde Bewegungen nach vorn und hinten, und wenn es dann immer noch nicht klappt, auch mal seitlich. Das Schloss geht so nur selten auf, aber mancher Nicker ist auf diese Art schon ein ganzes Stück kürzer geworden. Es hat sich durchaus bewährt, wenn man dem Ärger über das eigene Missgeschick mit einigen Flüchen über das Fabrikat oder den Messermacher Luft macht. Die Klingenform des Nickers hat zwar eine lange Tradition, ist aber zu sehr auf einen einzigen Zweck ausgelegt. Als universell einsetzbares Jagdmesser ist der Nicker heute nicht mehr zeitgemäß.

Das genaue Gegenteil zur schlanken Nickerklinge wäre die kurze, aber sehr breite Klinge mit einem stark ausgebildeten Schneidenradius. Rehwild lässt sich damit zwar nicht mehr abnicken, aber beim Durchtrennen der Schlossnaht ist eine solche Klinge eine wahre Freude. Wird die Klinge mit dem Schneidenradius auf die Schlossnaht gesetzt, so steht der Griff relativ senkrecht nach oben, sodass günstig Druck ausgeübt werden kann. Durch den senkrechten Druck und einige Schaukelbewegungen in Längsrichtung lässt sich die Schlossnaht leicht öffnen. Auch zum Aufschärfen kann so eine kurze, breite Klinge benutzt werden, wenn der Zeigefinger auf den Klingenrücken gelegt, nach vorn mindestens einen Zentimeter über die Spitze hinausragt und so von innen, entlang der Bauchdecke fährt. Der

Aller guten Dinge sind drei: Jagdbeute, Büchse und Weidmesser.

Auch ein Messer mit kurzer Klinge, so wie dieses, ist jagdlich durchaus brauchbar.

Finger hat hierbei die Funktion, zu verhindern, dass die Bauchdecke dem Druck der relativ steil stehenden Schneide ausweicht. Dabei wird gleichzeitig der Pansen vor unbeabsichtigter Beschädigung geschützt. Wirklich in ihrem Element ist so eine breite Klinge jedoch beim Abschwarten und aus der Decke schlagen. Der größte Vorteil dieser Form ist das günstige Hebelverhältnis durch die kurze

Klinge und dem wesentlich längeren Griff. Hält man sich solche Hebelverhältnisse den physikalischen Gesetzen folgend vor Augen, wird schnell klar, warum ein Messer nicht als Brecheisen missbraucht werden sollte. Wird ein Messer mit einer Gesamtlänge von 21 Zentimeter mit der Spitze nur einen Zentimeter tief in ein Stück Holz gestoßen, so haben wird am Griffende ein Hebelverhältnis von 1:20. Wird jetzt versucht, das Stück Holz mit seitlichem Druck auseinanderzuhebeln, so wirken auf den Klingenquerschnitt enorme Kräfte. Bei einem Druck von lediglich 20 Kilogramm am Griffende, die spielend leicht erreicht werden, entsteht durch die Hebelverhältnisse an der Einkerbstelle in Höhe der Holzoberfläche bereits eine Belastung von 400 Kilogramm. Wenn dann die Klingenspitze wegbricht, liegt das nicht unbedingt an der schlechten Stahlqualität. Ähnlich unvernünftig handelt, wer eine Messerklinge als Schraubendreher einsetzt. Die Annahme, was ein Schraubendreher kann, macht ein Messer aus Hochleistungsstahl schon lange mit, ist leider völlig falsch. Der Schraubendreher wird genau senkrecht angesetzt und als Hebelwirkung kommt nur die Differenz zwischen seiner Klingenbreite und dem Griffdurchmesser zur Wirkung. Das ist ein Verhältnis von etwa 1:3, maximal 1:5. Hinzu kommt, dass Schraubendreher aus ganz anderem Stahl gefertigt werden als Messerklingen.

Messer mit eigenwillig geformter Klinge und Bügelgriff.

Jagdmesser mit so genannter Drop-Point-Klinge sind universell einsetzbar.

Doch zurück zu den Klingenformen. Weder eine extrem schlanke und spitze Klinge noch die kurze, breite Form sind ideal für ein universell einsetzbares Gebrauchsmesser. Die heute am weitesten verbreitete Klingenform bei Jagdmessern ist eine sinnvolle Synthese zwischen diesen beiden Extremen. Bei einer Klingenlänge von 8 bis 10 Zentimeter und einer Breite zwischen 2,6 und 2,8 Zentimeter ist die Spitze etwas heruntergezogen. Im modernen Sprachgebrauch wird ja versucht, für alles und jedes englische Begriffe zu finden und folglich wird diese Form *Drop-Point*-Klinge genannt (man könnte in plumpem Deutsch natürlich auch Klinge mit tropfenförmiger Klinge sagen). Zum Abnicken ist diese Klinge zwar etwas zu breit, doch für alle anderen jagdlichen Arbeiten sehr gut einsetzbar. Es handelt sich um kein Spezialwerkzeug, sondern um einen gelungenen Kompromiss für eine Vielzahl unterschiedlicher Anwendungen. Bis zu einer Klingenlänge von etwa 13 Zentimeter lässt sich die *Drop-Point*-Klinge universell einsetzen. Soll die Klinge länger sein, wird sie für viele gängige

Semiskinner mit etwas nach oben gezogener Spitze.

Arbeiten bereits zu unhandlich. Bei einem längeren Wildnisaufenthalt, sei es zur Jagd oder zum Überlebenstraining, wird die Forderung nach einer 18 oder gar 20 Zentimeter langen Klinge erhoben, welche auch für grobe Arbeiten und als Hieb- und Stichwaffe eingesetzt werden kann. Ein solches Messer ist nicht mehr universell, sondern bereits ein Spezialgerät. Für die kleineren, täglichen Arbeiten sollte immer noch ein kleineres Messer mitgeführt werden.

Eine modifizierte Form der universellen *Drop-Point*-Klinge ist der so genannte *Semiskinner* (»Halb-Häuter«). Die Spitze ist etwas weiter nach oben gezogen, sodass der Krümmungsradius der Schneide vergrößert wird. Um nun dennoch eine fallende Spitze zu haben, erhält der Messerrücken im vorderen Bereich einen Höcker. Bei größeren Messern kann dieser Höcker als relativ stumpfe Beilschneide ausgebildet sein, die sich sehr gut zum Kerben von Knochen eignet. Bei dieser Klingenform verlagern sich die Eigenschaften der Klinge etwas mehr in Richtung der kurzen, breiten Klinge.

Eine weitere markante Form ist die Klinge mit hochgezogener Spitze, die man als *Skinner* (Häuter, Häutemesser) bezeichnet. Wie der Name sagt, ist dieses Messer hauptsächlich zum Häuten und Abschwarten gedacht und hier liegen auch seine Stärken. Doch auch alle anderen jagdlichen Arbeiten lassen sich damit gut ausführen. Auf Grund des Schneidenradius lässt sich die Klinge gut durch die Schlossnaht »schaukeln« und Salami und Schinken kann man ebenfalls damit scheiden. Nur beim Aufschärfen der Bauchdecke ist Vorsicht geboten, denn die nach oben gezogene Spitze kann schnell den Pansen verletztten. Sie muss unbedingt mit dem Finger abgedeckt werden. Wer mit einem *Skinner* richtig umgehen kann, wird ihn genauso universell einsetzen wie die Tropfen-Klinge. Lediglich als Stichwaffe und zum Abnicken ist ein *Skinner* nicht brauchbar. In den Bereich Spezialwerkzeug fällt das *Filetiermesser* zum Schneiden beispiels-

Neuzeitlicher Hirschfänger, der mit mehr als 18 cm Klingenlänge zu den Spezialwerkzeugen gehört.

weise von Lachs- oder Forellenfilets. Dieses Messer hat eine lange, schlanke und relativ dünne Klinge, welche außer dem ihr zugedachten Verwendungszweck vielleicht gerade noch im Haushalt zum Schneiden von Fleisch oder Ähnlichem eingesetzt werden kann.

Neben diesen Grundformen gibt es noch eine Vielzahl von Formvarianten, wie etwa die *Bowieklinge*, eine Klinge mit fallender Spitze und angeschliffenem Rücken, um die Eignung als Stichwaffe zu verbessern. Des Weiteren das *Waidblatt*, dessen stark verbreiterte Spitze dem Einsatz als Schlagwaffe entgegenkommt; oder spezielle *Aufschärfklingen*, die an der Spitze eine Verdickung ausweisen. Diese Formenvielfalt im Detail zu erläutern, würde hier zu weit führen. Den Kampfmessern mit ihren speziellen Formen ist ein eigenes Kapitel gewidmet (ab Seite 113). Kommen wir jetzt zu den üblichen Bauweisen.

Der Skinner (zu Deutsch: Häutemesser) ist ein Spezialmesser zum Aus-der-Decke-Schlagen und Abschwarten.

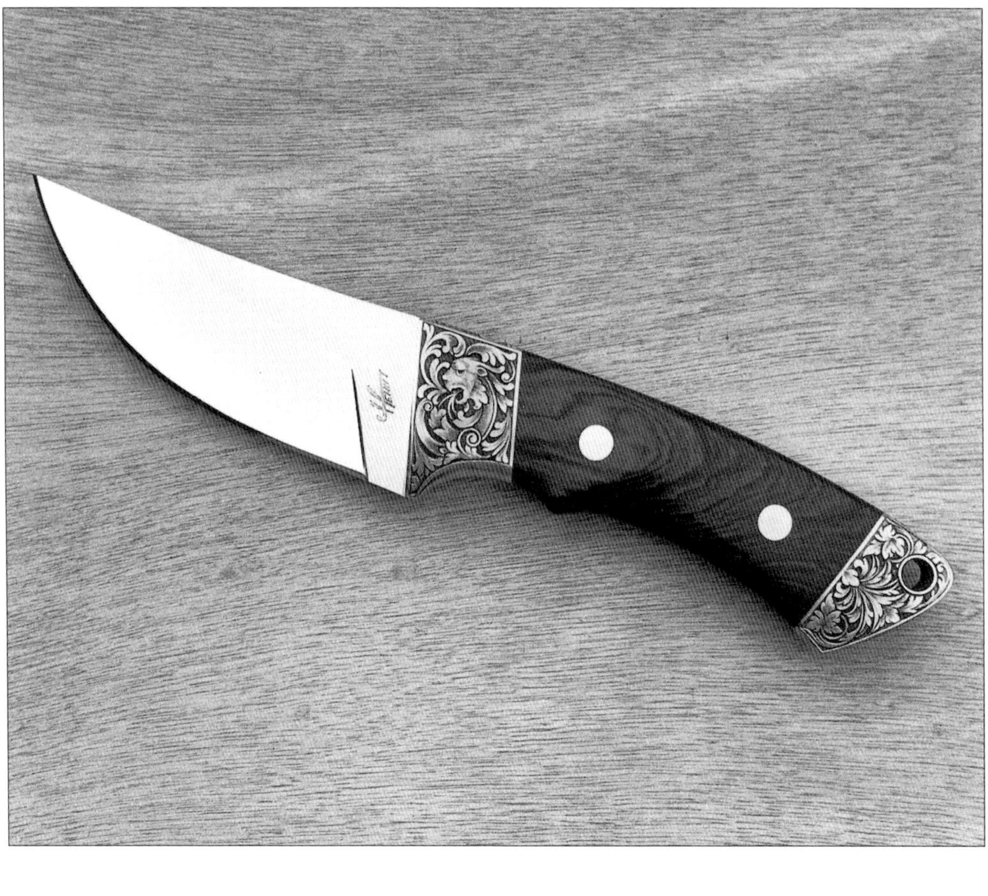

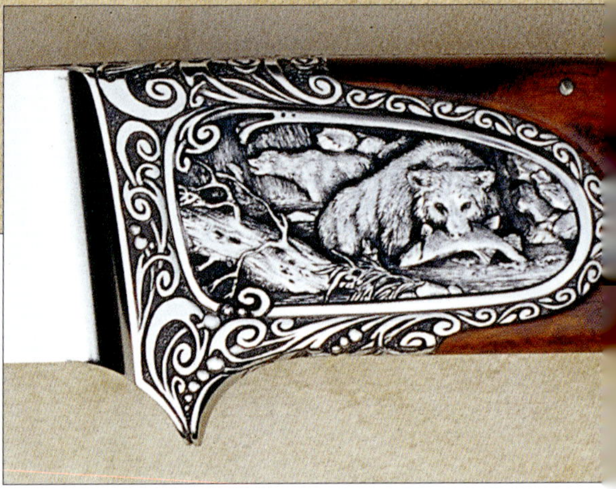

Bauweisen

Der gute, alte Nicker war in seiner einfachen Ausführung mit einem angeschmiedeten »Spitzerl« versehen, das einfach in den Griff, meist ein Stück Hirschhornstange, eingeklebt wurde. Eine sehr einfache, aber nicht unbedingt vorteilhafte Befestigungsart. Feuchtigkeit und Beanspruchung können diese Verbindung schnell lockern und es findet sich heute kaum ein alter Nicker, dessen Klinge nicht wackelt. Moderne Kunstharzkleber bieten zwar besseren Halt, doch von einer optimalen Lösung ist die erwähnte Art der Griffbefestigung grundsätzlich weit entfernt. Wesentlich besser, wenn auch nicht wirklich ganz fest und spielfrei, ist die Befestigung mit einem durchgehenden »Runderl« und einer Verschraubung am Griffende. Zumindest besteht hier die Möglichkeit, die Verschraubung nachzuziehen, wenn sich der Griff lockert. Eine höhere Festigkeit bietet der in den Griff eingeklebte, kurze »Flacherl«, besonders, wenn er noch querverstiftet ist.

Integralmesser mit eingelegten Seitenplatten und Wüsteneisenholzgriffschalen, speziell konzipiert für aufwändige Gravuren.

Bei modernen Kunststoffgriffen wird er gleich bei der Griff-Fertigung mit eingespritzt. Der große Vorteil des »Flacherls« ist, dass er durch seine Flächen gegen Verdrehen gesichert ist. Hat das verwendete Griffmaterial eine ausreichende Eigenfestigkeit, um bei Belastung nicht hinter dem *Erl* abzubrechen und wird ein hochfester Kleber verwendet, stellt dies eine durchaus praktikable Lösung dar. Optimal ist sie zwar nicht, aber dafür bietet sie sich für die preiswerte Serienfertigung geradezu an. Letztendlich ist es ja auch immer eine Frage des Preises. Wesentlich aufwändiger, aber auch vorteilhafter ist der in einem Gewindezapfen auslaufende, kurze »Flacherl«, der vom Griffende her mit einer Schaftschraube befestigt wird. Wenn bei der Montage das Ganze auch noch mit einem Kunstharzkleber zu einer Einheit verbunden wird, bleibt in Sachen Festigkeit nichts mehr zu wünschen übrig. Diese auf den ersten Blick aufwändig erscheinende Konstruktion hat auch fertigungstechnisch durchaus ihre Vorteile. Die Schaftschraube ist ein reines Drehteil und die dafür erforderlichen Bohrungen im Griff sind einfacher zu fertigen als ein langer »Flacherl« und die dazu passenden Ausnehmungen im Griff. Hinzu kommt noch die Materialeinsparung, denn der »Flacherl« muss aus dem Klingenstahl ausgesägt werden, der von vornherein wesentlich länger angelegt sein muss. Besonders bei pulvermetallurgischen Stählen, deren Kilopreis zwischen 90 und 120 Mark liegt, rechnet sich dieses Verfahren mit verkürztem und von hinten verschraubten »Flacherl«, das sich insofern für eine Serien- oder Kleinserienfertigung anbietet. Bei allen bisher genannten Konstruktionen ist der Übergang zwischen Klinge und Griff die kri-

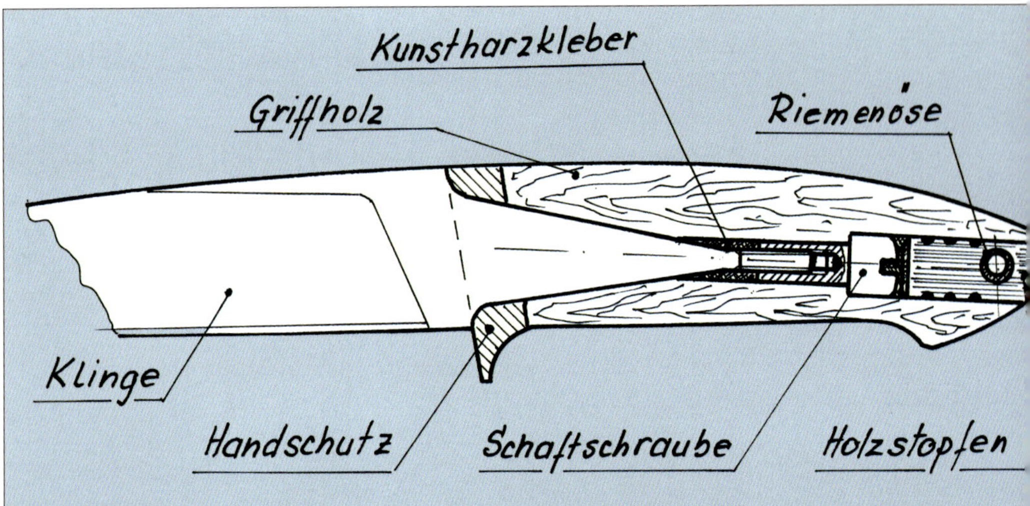

Schema einer Griffbefestigung mit verdeckter Verschraubung und Epoxyd-Verklebung.

tische Stelle, denn hier tritt die höchste Belastung auf. Früher haben Schmiede diesen Übergangsbereich höher angelassen oder geglüht, sodass der Stahl an dieser Stelle weicher und damit zäher war als die restliche Klinge. Dieses Verfahren ist bei modernen Messerstählen nicht mehr sehr sinnvoll. Daher muss das Augenmerk heute mehr auf die konstruktive Gestaltung dieses Übergangsbereiches gerichtet werden. Die nachfolgende Skizze verdeutlicht, worauf es ankommt.

Der *Erl* darf sich nicht unmittelbar an der Klinge stark verjüngen, so wie mit der gestrichelten Linie dargestellt und schon gar nicht scharfkantig abgesetzt. Er sollte so breit wie möglich gehalten und die Übergänge radienförmig ausgestaltet sein, um Kerbwirkung zu vermeiden. Auf scharfkantige Übergänge an Stellen höchster Biegebeanspruchung muss unbedingt verzichtet werden. Ein Radius

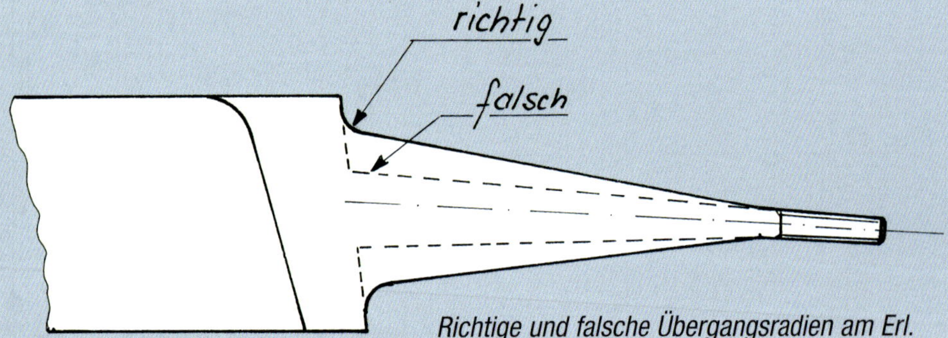

Richtige und falsche Übergangsradien am Erl.

von anderthalb bis zwei Millimeter reicht bereits völlig aus, um diese kritische Stelle zu »entschärfen«. Wie stark sich der *Erl* zur Griffmitte hin verjüngt, ist dagegen unerheblich, wenn er nur spielfrei im Griff fixiert ist. Dies sollte mit modernen, zuverlässigen Zweikomponenten-Kunstharzklebern aber kein Problem mehr sein. Ist der Kleber einmal ausgehärtet, ist eine nahezu unverwüstliche Verbindung hergestellt. Die Klebeflächen müssen natürlich völlig fett- und ölfrei sein.

Die nächste und sehr verbreitete Bauweise ist der vollflächig durchgehende »Flacherl« mit beidseitig aufgesetzten Griffschalen. Auch hier gibt es verschiedene Versionen. Eine davon ist der planparallel in voller Klingenstärke bis zum Griff durchgehende *Erl*, von den Amerikanern als *Full Tang* bezeichnet. Er gilt als besonders robust, hat aber keine echten Vorteile, sondern spart lediglich den Arbeitsaufwand zum Verjüngen des *Erls*. Die kritische Stelle bleibt auch hier der Übergang in den Griff, denn hier entsteht das höchste Biegemoment. Zur Griffmitte hin nehmen die Kräfte dagegen stetig ab. Wenn es zu einem Bruch durch Überlastung kommt, dann immer am Übergang von der Klinge zum Griff oder allenfalls im Klingenbereich, niemals jedoch mitten im Griff oder gar am Ende. Geschieht dies, kann man mit Sicherheit von einem Materialfehler, etwa einem Haarriss im Stahl, ausgehen. Daher ist ein zum Griffende hin dünner werdender »Flacherl«, *Tapered-Tang* genannt, nicht weniger stabil als ein in voller Stärke durchgezogener *Erl*. Andersherum gesagt: Letzterer ist sinnlos überdimensioniert.

Natürlich bedeutet es einen Mehraufwand, den *Erl* zu verjüngen, zu *tapern*, wie man sagt, aber zum einen spart es Gewicht und zum anderen sieht es wesentlich eleganter aus – und das ohne Einbußen in punkto Festigkeit.

Kommen wir nun zur so genannten *Integralbauweise* mit kurzem »Flacherl«. Seit einiger Zeit gibt es eine mehr oder weniger aus fertigungstechnischen Zwängen geborene Version der Griffbefestigung, bei der das Griffstück, meist aus Stahl, ähnlich wie bei der Integralbauweise vorgefertigt wird. Die Klinge ist mit einem breiten, aber relativ kurzen »Flacherl« versehen, welcher in die im Griffstück vorgesehene Ausnehmung eingeschoben und quer verstiftet wird. Ist der *Erl* breit genug, der Übergang zur Klinge radienförmig gestaltet und erfolgt die Befestigung absolut spielfrei, dann handelt es sich um eine durchaus robuste Konstruktion. Auf den Querstift kann natürlich nicht verzichtet werden. Das zusätzliche Verkleben sorgt nicht nur für Toleranzausgleich und stabile Befestigung, sondern es verhindert auch das Eindringen von Feuchtigkeit.

Genau hier liegen auch die Vorteile der *echten Integralbauweise.* Dabei werden Klinge, Handschutz, *Erl* und Griffabschluss aus einem einzigen Stück Stahl

Bei Vollintegralmessern bestehen Klinge, Handschutz und Griff aus einem Stück.

herausgearbeitet. Dies geschieht meist durch Fräsen, zumindest bei pulvermetallurgischen Stählen gibt es derzeit keine anderen Möglichkeiten. Diese Konstruktion erfordert nicht nur den höchsten Arbeits-, sondern auch den höchsten Materialaufwand. Es sein denn, es handelt sich um Serienfertigung, wobei der Rohling aus herkömmlichem Stahl im Gesenk geschmiedet wird.

Die Integralbauweise weist die höchste Stabilität auf. Ob dies in der Praxis aber genutzt werden kann, ist eine andere Frage. In den meisten Fällen wäre die Belastbarkeit der Klinge schon lange überschritten, ehe es zu einer Überlastung im Griffbereich kommt. Trotzdem ein beruhigendes Gefühl, mit dem Bestmöglichen ausgerüstet zu sein.

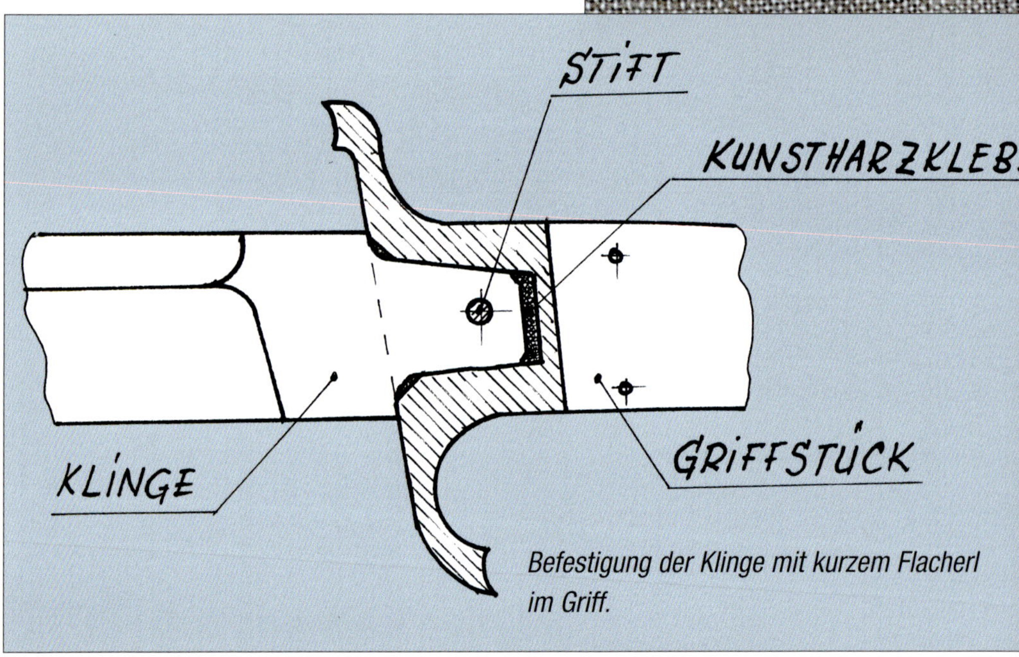

Befestigung der Klinge mit kurzem Flacherl im Griff.

Beim Kauf eines Messer spielen ja nicht immer allein rationale Gründe eine Rolle, der Reiz des Besonderen und eine Menge Liebhaberei schwingen mit. Darauf gehen wir aber noch im Kapitel *Sammlermesser* ab Seite 141 näher ein.

Integralmesser, deren Klinge, Handschutz, *Erl* und Griffabschluss aus einem Stück bestehen, werden als *Vollintegralmesser* bezeichnet. Fehlt nun am Ende des Griffes der Metallabschluss, der »Flacherl« läuft wie beim *Tapered-Tang* konisch aus, spricht man von einem *Halbintegralmesser.* Im Prinzip trifft diese Benennung nicht ganz zu, denn der ganze Messerkörper ist nach wie vor aus einem Stück gefertigt. Material- und Arbeitsaufwand sind zudem nicht geringer als beim Vollintegralmesser. Die Halbintegralbauweise hat aber einen entscheidenden Vorteil: Da der Metallabschluss am Griffende fehlt, kann die Griffform frei gestaltet werden. So lässt sich zum Beispiel am Griffende eine Verdickung ausformen, wodurch die Handlage, besonders bei großen Messern, entscheidend verbessert wird. Beim Vollintegral ist der Hersteller dagegen an die Abmessungen

des Abschlusses gebunden. Diese hängen von der Dicke des Rohmaterials ab und werden aus Gründen der Gewichtsverringerung relativ schlank gehalten. Die Vollintegralbauweise eignet sich daher vorwiegend für schlanke, elegante Messer.

Dies zu den gängigen Bauweisen von Jagd- und Freizeitmessern. Alle anderen Spielarten leiten sich mehr oder weniger von diesen Grundbauweisen ab.

Klappmesser

Klappmesser sind Messern mit feststehender Klinge eigentlich in jeder Weise unterlegen. Sie sind lange nicht so stabil, extrem empfindlich gegen seitliche Belastung der Klinge, haben selten einen brauchbaren Handschutz, sind meist schwerer als in der Klingenlänge vergleichbare Messer mit feststehender Klinge und wesentlich schwieriger zu reinigen. Ihr einziger Vorteil ist die Möglichkeit, die Klinge in den Griff zu klappen und damit die Transportlänge zu verkleinern.

Messer in Halbintegralbauweise.

Das brachte ihnen den Begriff Taschenmesser ein, denn zusammengeklappt lassen sie sich einfach so und ohne Scheide in der Hosentasche tragen. Das gilt allerdings nur für die kleineren Exemplare dieser Messergattung. Ein jagdlich brauchbares Klappmesser, das als Hauptmesser und nicht nur als Ergänzung zum feststehenden Messer geführt wird, ist viel zu schwer, um es einfach in die Tasche zu stecken. Solche Messer werden in der Regel in Gürteltaschen transportiert.

Klappmesser gibt es in unzähligen Ausführungen und Bauweisen. Hier in die Details zu gehen, würde in ein eigenes Buch nur über Klappmesser ausufern. Daher beschränken wir uns hier auf die wesentlichen Systeme und die gängigen und praxisgerechten Konstruktionen.

Der wesentliche Punkt und das eigentliche Unterscheidungsmerkmal der verschiedenen Bauweisen ist der Klingenfeststell-Mechanismus. Findige Tüftler konstruierten die unterschiedlichsten Systeme. Oft kamen wunderschöne Spielzeuge für Sammler heraus, die aber für die Praxis nicht taugten. Feinwerktechnisch hervorragend ausgeführt, waren sie zwar ein Beweis für die Handwerkskunst ihres Erbauers, aber oft viel zu kompliziert und zu empfindlich gegen Verschmutzung und Belastung, um wirklich zum Einsatz zu kommen. Das ist keineswegs abwertend gemeint, aber solche Messer sind eher Kunstwerke und Liebhaberstücke als Gebrauchsmesser.

Kommen wir zu den echten Gebrauchsklappmessern. Ursprünglich war das Klappmesser ein einfaches Taschenmesser mit federbelasteter und nicht arretierbarer Klinge. Meist klein und leicht für die Hosentasche gedacht. Die Mechanik ist so simpel wie die diesem Messertyp zugedachten Arbeiten. Durch die nicht feststellbare Klinge ist der Einsatzbereich begrenzt. Belastungen, welche auf den Klingenrücken wirken, müssen unbedingt vermieden werden. Sonst kann das

So genannte Multi-Tools – zu Deutsch: Vielzweck-Werkzeuge – sind mehr Werkzeuge als Messer.

Messer zuklappen und hierbei besteht höchste Verletzungsgefahr. Dieser Messertyp ist seit Urzeiten unverändert und wenn man von neuen Materialien für die Backen wie Titan oder Leichtmetall zur Gewichtsreduzierung absieht, gibt es hier keine Neuerungen.

Eine Weiterentwicklung dieses einfachen Taschenmessers sind die Klappmesser mit verschiedenen Zusatzwerkzeugen. Sind die eingebauten Teile von guter Qualität, kann ein solches Messer durchaus gute Dienste leisten. Bestes Beispiel ist hier das legendäre schweizer Offiziersmesser. Oft wurde aber hier, wie auch in anderen Bereichen, übertrieben und so viele Werkzeuge eingebaut, dass ein solches Messer völlig unförmig wurde. Durch die schlechte Handlage ließ sich fast keines der Werkzeuge mehr sinnvoll handhaben und vieles war ohnehin überflüssig. Damit lässt sich weder ein ordentliches Messer ersetzen noch ein Werkzeugkasten. Das Ganze ist ein Notbehelf und muss auch so gesehen werden. Eine sinnvolle Weiterentwicklung sind die so genannten *Multi Tools* (Vielzweck-Werkzeuge) im Stil des *Leathermann Tools,* deren Hauptteil eine Zange ist und die sich als Werkzeug und nicht als Messer verstehen. Die meist vorhandene Messerklinge ist nur Beiwerk und hauptsächlich werden die verschiedenen Schraubendreher, Feilen oder eben die Zange eingesetzt.

Die am weitesten verbreitete und auch in der Praxis bewährte Bauweise von Klappmessern ist das *Schließmesser mit feststellbarer Klinge.* Durch die arretierbare Klinge lässt sich das Messer für alle Arbeiten gebrauchen, die auch mit einem feststehenden Messer verrichtet werden. Nur ganz so stabil ist es nicht. Es gibt zwar viele verschiedene Formen und Größen, aber das System bleibt im Prinzip immer gleich.

Wichtigstes Teil ist eine federbelastete Rastklinke, deren Nase in die dafür vorgesehene Aussparung der geöffneten Klinge einrastet und sie in dieser Stellung festhält. Die Rastklinke ist auf einem Bolzen gelagert und die Federkraft wirkt hinter dem Bolzen dem Griffende zu. Dadurch wird die Klinke, um den Bolzen drehend, nach unten gedrückt. Soll nun die Sperre gelöst werden, muss die Sperrklinke im hinteren Bereich, also am Griffende, nach unten gedrückt werden. Dadurch wird die Nase vorn aus der Rast gehoben und die Klinge ist entriegelt. Die meisten Klappmesser verfügen über Aussparungen in den Backen, die es erlauben die Klinke herunterzudrücken. Im eingeklappten Zustand ist die Klinge federbelastet, denn die Nase der Rastklinke drückt auf eine Nocke an der Unterseite der Klinge, welche sich vor dem Drehpunkt der Klinge befindet. Über diesen Drehpunkt wird die Klinge zugehalten. Eine weitere Nocke hinter dem Drehpunkt liegt an der Unterseite der Rastklinke an. Sie verhindert, dass die Klinge weiter in den Griff hineinschwenkt und die Schneide mit der Feder in Berührung kommt. Da das Ganze nur durch Federdruck stabilisiert wird, ist es aber durchaus möglich die Klinge soweit in den Griff zu drücken, dass die Schneide auf Feder oder Klinke trifft. Um den Drehpunkt zu überwinden, ist aber einige Kraft nötig und man merkt schon recht deutlich, wenn man dabei ist einen Fehler zu begehen.

Ein weiterer Handhabungsfehler kann beim Einklappen der Klinge passieren. Wer gleichzeitig mit einer Hand auf den Klingenrücken drückt und mit der anderen versucht, die Sperre durch Herunterdrücken der Rastklinke zu lösen, wird sich wundern, wie schwer dies geht: Die Hebelübersetzung der Rastklinke um den Drehpunkt ist meist 1:1. Wird die Klinge um den Drehpunkt nach unten gedrückt, so entsteht durch den Abstand zwischen Klingendrehpunkt und Rastnase zur Klingenlänge ein Übersetzungsverhältnis von 1:6 bis 1:8. Dadurch wird der Druck auf die Rastflächen so hoch, dass sich diese mit der einfachen Hebelwirkung durch Druck auf die Rastklinke nicht lösen lassen. Es muss also immer zuerst die Sperre gelöst und dann die Klinge nach unten geschwenkt werden.

Die meisten Klappmesser arbeiten mit einer der beiden nachfolgend beschriebenen Federtechniken: Entweder ist die Feder am Endstück befestigt (siehe Abbildung 1 der Skizze) oder die Rastklinke wird mit einer V-förmig angearbeiteten Feder ausgestattet (Abbildung 2). Die Erfahrungen der letzten 20 Jahre haben gezeigt, dass die am Endstück befestigte Feder die technisch einfachste und wirtschaftlich beste Lösung ist. Auch in Sachen Zuverlässigkeit hat diese Konstruktion die Nase vorn. Die Rastklinke wird durch die am Endstück befestigte oder angearbeitete Feder unmittelbar hinter dem Drehpunkt beaufschlagt. Der Federweg ist dadurch sehr gering und die Feder kann relativ stark gehalten werden. Bei einem eventuellen Bruch lässt sich die Feder zudem einfach auch ohne aufwändige Passarbeiten austauschen. An der Rastklinke selbst sind hier

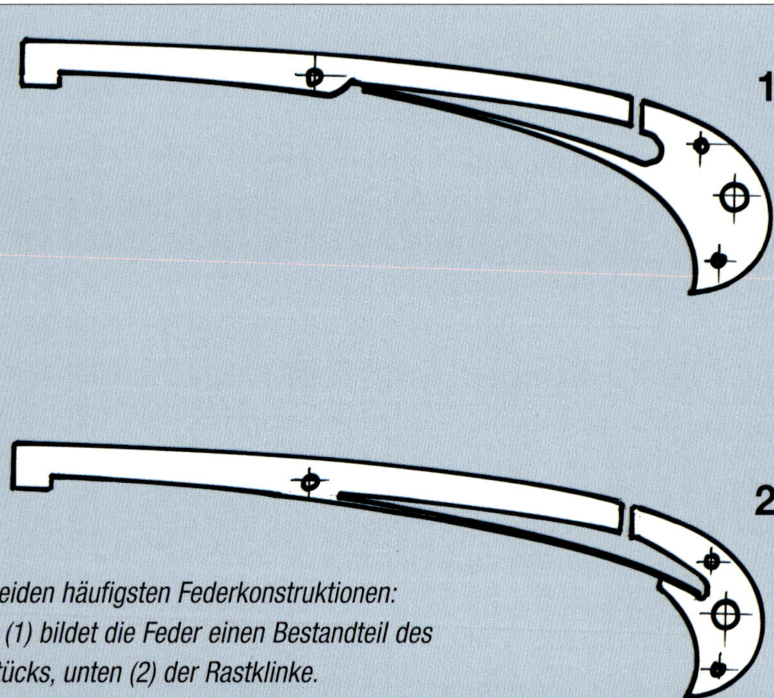

Die beiden häufigsten Federkonstruktionen: Oben (1) bildet die Feder einen Bestandteil des Endstücks, unten (2) der Rastklinke.

keine Arbeiten erforderlich. Doch auch Nachteile sind bei dieser Konstruktion vorhanden. Wird die Rastklinke betätigt, kommt es zu einer Verschiebung des Federendes im Bereich der Anlagestelle. Hier ist penible Arbeit angesagt, um einen einwandfreien Gang der Mechanik zu erzielen. Sind diese Flächen nicht sorgfältig geschliffen und das Federende abgerundet, so macht sich die Reibung unangenehm bemerkbar und die Mechanik geht schwer und kratzig.

Die V-Feder gilt als die elegantere Lösung und wird von vielen Messermachern und Sammlern daher bevorzugt. Sie ermöglicht einen weichen, »kultivierten« Gang der Mechanik, hat aber auch einige Nachteile. Die Fertigung ist sehr aufwändig und entsprechend teuer. Bei einem Federbruch wird es kompliziert, denn das Teil muss nicht nur neu angefertigt, sondern auch in Abhängigkeit von den vorhandenen Lagerbohrungen genau eingepasst werden. Eine mühselige und Zeit raubende Arbeit. Der Federweg ist relativ groß und die Feder muss konisch gearbeitet werden, um einen optimalen Gang zu erzielen. Auch eine sorgsame Anpassung der Federkraft ist nötig. Durch den langen Federweg kommt es zu einer erheblich höheren Materialbelastung, die sich noch erheblich verstärkt, wenn sich zwischen Feder und Rastklinke Schmutz ansammelt. Bereits kleinste Härteabweichungen oder Materialfehler können zum Bruch führen. Es reicht schon, wenn sich im spitzen Winkel zwischen Feder und Rastklinke etwas Schmutz ansammelt und verfestigt. Die Belastung der Feder wird dann so hoch, dass sie brechen kann. Für ein Gebrauchsmesser ist die am Endstück befestigte Feder sicher die bessere und robustere Lösung, auch wenn sie nicht so elegant wirkt.

Auch die einfache Mechanik der Klappmesser lässt sich noch verbessern und vervollkommnen, was zum Teil auch sinnvoll ist. Früher bestanden die Backen vorwiegend aus Messing. Heute werden bei einem guten Klappmesser aber Edelstahlbacken erwartet und dies ist technisch nicht unproblematisch. Die Reibung von Stahl auf Messing war völlig problemlos, wogegen Stahl auf Stahl seine Tücken hat. Ölmangel und Verschmutzung führen hier schnell zu einem rauen Gang. Die Flächen reiben sich gegenseitig auf und es können bleibende Schäden entstehen. Um dies zu vermeiden, muss die Reibung unbedingt verringert werden. Die einfachste Methode besteht darin, zwischen Klinge und Backen etwas Spiel zu lassen, aber dann wackelt die Klinge leicht und dies toleriert kaum ein Messerkäufer. Um das Wackeln zu vermeiden, können Gleitschienen zwischen Klinge und Stahlbacken eingebaut werden. Letztendlich ist es immer eine Preisfrage, welcher Aufwand betrieben wird. Es ist ohne weiteres möglich, auch in dieses einfache System eine Menge Arbeit zu stecken. Das lässt sich am Beispiel des nachfolgend abgebildeten Klappmessers bestens aufzeigen. An der

Aufwändig gefertigtes Klappmesser.

Klinge selbst ist, abgesehen davon, dass sie aus CPM-Stahl besteht und eine größere Lagerbohrung als üblich aufweist, nichts Besonderes festzustellen. Die Rastklinke mit angearbeiteter Feder fällt dagegen aus dem Rahmen. Der dünne Federquerschnitt lässt ein Stanzen dieses Teils nicht zu und so muss es aus Plattenmaterial herausgeschnitten und geschliffen werden. Auch das Widerlager für die Feder, gleichzeitig auch Endstück, entsteht auf diese Weise. Die speziell angefertigte Klingenlagerung besteht aus verschleißfester Bronze und soll die Reibung bei minimalen Toleranzen verhindern. Der Kern der Lagerung dient als Achse für die

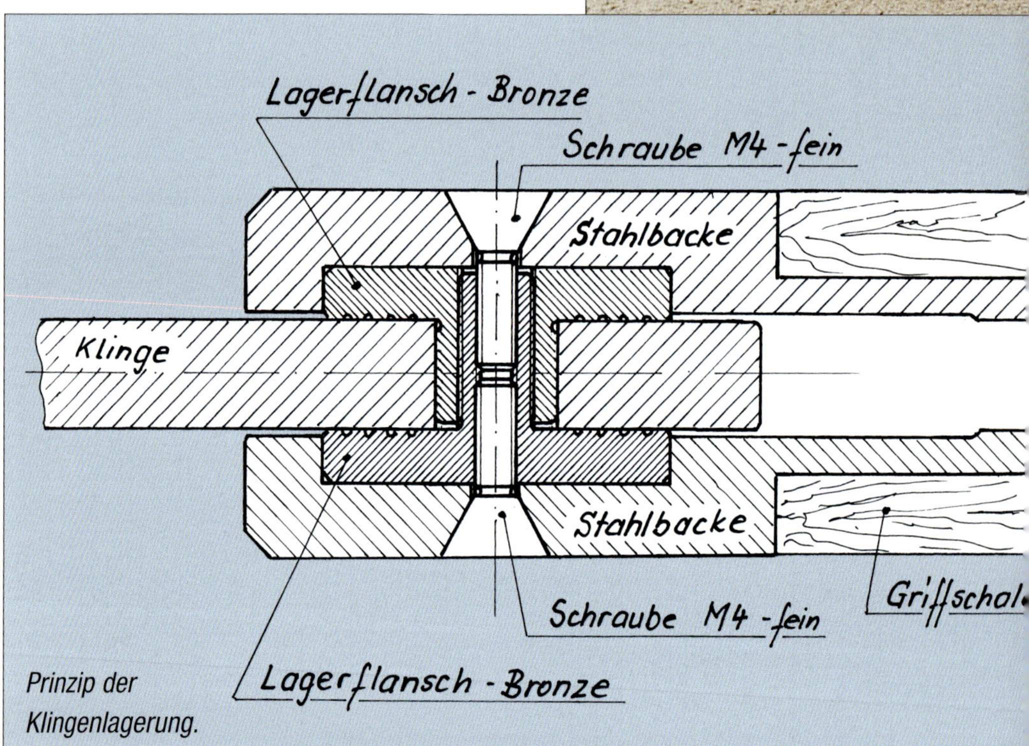

Prinzip der Klingenlagerung.

Klinge, die beiden seitlichen Flanschen verhindern eine Berührung mit den Backen. Zur Aufnahme und Fixierung der Lagerflansche ist es erforderlich, die Backen von der Innenseite her maßgerecht auszudrehen. Die Durchgangsbohrung ist hier konisch gehalten, sodass dieses Lager sich bei der Endmontage von außen mit einer konischen Spezialschraube festschrauben lässt. Die aus dem Vollen, in Integralbauweise gefertigten Backen bestehen aus vergütetem Edelstahl. Sie müssen auf der Innenseite im Drehbereich der Klinge etwa 2/10 Millimeter hinterschliffen werden, sodass Klinge und Rastklinke am Messerrücken mit den Backen eine geschlossene Einheit bilden, die Klinge bei ihrer Schwenkbewegung die Innenseiten der Backen jedoch nicht berührt. Hinter der Klingenlagerung ist zwischen den Backen ein Querstift eingelassen, der die Aufgabe hat, zu verhindern, dass die Klinge im eingeklappten Zustand mit der Schneide auf die Feder gedrückt werden kann. Mehrere Arbeitsgänge und ein

Drei Klappmesser mit Klingenverriegelung im Griffrücken, dem so genannten Back-Lock-Verschluss.

gerüttelt Maß an Präzision ist vonnöten, um alle Teile sorgfältig aufeinander abzustimmen. So ein an sich schlichtes Klappmesser besitzt nicht weniger als 24 Passungen, die genauestens gearbeitet sein müssen. Mit steigender Präzision treten vermehrt Probleme zu Tage, die aus den engen Toleranzen entstehen. Eine auf engste Toleranzen montierte Klappmessermechanik, die bei der Montage sauber funktioniert wie ein Uhrwerk, kann sich am nächsten Morgen ganz anders anfühlen. Die bei der Endmontage handwarm gewordenen Teile sind nach dem Abkühlen über Nacht um einige tausendstel Millimeter geschrumpft und die Gängigkeit der Klinge ist eine ganz andere als am Vortag mühsam einjustiert. Meist wird die Toleranz etwas enger und die Klinge schwergängiger. Bei der massiven, konischen und mittels Kleber gesicherten Verschraubung besteht jetzt kaum noch die Möglichkeit etwas zu ändern. Eine derart präzise Mechanik in der Praxis einzusetzen ist noch viel problematischer. Schon kleinste Verschmutzungen können die Funktion beeinträchtigen. Dies gilt im Übrigen auch für weniger präzise gearbeitete Klappmesser. Klappmesser bedürfen einer intensiven Pflege und dies nicht nur allein der Funktion wegen. Auch aus hygienischen Gründen sollten die offenen Räume zwischen den Backen peinlich sauber gehalten werden. Das beschriebene System wird wegen seiner im Griffrücken liegenden Klingenverriegelung auch *Back Lock* genannt.

Ein weiteres, weit verbreitetes System ist das so genannte *Liner Lock*. Diese Bauart gibt es zwar schon seit über 100 Jahren, wurde aber erst in den 70er-Jahren allgemein bekannt, als sie der Amerikaner Michael Walker wesentlich verbessert hatte. An der Innenseite der Backe ist eine Blattfeder befestigt. Wird die Klinge aufgeklappt, schwingt die Feder an der Hinterkante der Klinge zur Griffmitte hin. Jetzt kann sich die Klinge nicht mehr um den Lagerbolzen drehen und wird in geöffneter Position festgehalten. Die Feder ist meistens an der rechten Backe befestigt und muss genau hinter die gerade ausgeformte Hinterkante der aufgeklappten Klinge einrasten. Fällt die Feder zu kurz aus, wird die Klinge nicht einwandfrei festgelegt und hat um den Drehpunkt herum Spiel. Ist sie zu lang, liegt sie an der Klinge an und verriegelt nicht. An der Unterseite der linken Backe ist eine Ausnehmung, die es ermöglicht, mit dem Daumen die Feder in Richtung der rechten Backe zu drücken. Dadurch wird die Klinge entriegelt und das Messer lässt sich schließen. Bei dieser Bauweise muss der Übergang vom Schnittkeil der Klinge zu den planparallelen Flächen im Lagerbereich radienförmig sein. Hinter diesen radienförmigen Flächen legt sich die Feder, wenn die Klinge eingeklappt wird und hält sie im geschlossenen Zustand. Beim Aufklappen schiebt die ansteigende Flanke die Feder gegen die Backe. Wäre der Übergang scharfkantig, könnte die Klinge nicht mehr aufgeklappt werden, da sie ja jetzt im eingeklappten Zustand den Zugriff zur Feder verdeckt. Auch diese Mechanik muss sehr sorgfältig ver- bzw gearbeitet werden. Ist der Übergangsbereich mangelhaft, wird die Klinge nicht richtig arretiert und es kann beim unbeabsichtigten Ausschwenken zu Verletzungen kommen. Bei einigen Ausführungen sorgt eine kleine Kugel im *Liner* dafür, dass die Klinge im eingeklappten Zustand festgehalten wird.

Das *Liner-Lock*-System ist einfach aufgebaut und auch nicht sehr pflegebedürftig. Viele Messer sind zum Rücken hin offen, was die Reinigung erleichtert, bzw. es entsteht erst gar kein Stauraum für Verschmutzungen. Werden die Backen dann noch aus Leichtmetall oder Titan gefertigt, entstehen sehr leichte

Messer. Der *Liner-Lock*-Mechanismus hat den grossen Vorteil, dass die Klinge leicht mit *einer* Hand geöffnet und wieder geschlossen werden kann. Damit der Daumen Halt findet, wird die Klinge mit einem kleinen Stift, einer Scheibe, oder – wie etwa bei den Mustern von Spyderco – einfach einem Loch versehen. Weil beim Öffnen nicht der Widerstand einer Rückenfeder überwunden werden muss, schwingt die Klinge mit leichtem Daumendruck nach vorn und lässt sich auch ebenso leicht wieder schliessen.

Drei weitere, für die Praxis interessante, wenn auch äußerst seltene Systeme sind die aus den USA stammenden Paul-Knives, das Rolox von Benckmark und die Klappmesser mit schwenkbaren Backen. Beim Paul Knife ist der Verriegelungsmechanismus als Klingenachse ausgebildet und dreht sich in den Backen. Durch Niederdrücken der Knöpfe auf beiden Seiten wird die Klinge entriegelt. Da sie fest auf der Achse sitzt, kann sie mit den Knöpfen gedreht werden. Dadurch ist es mit etwas Übung möglich, das Messer einhändig zu bedienen.

Das Rolox ist eigentlich gar kein Klappmesser, denn die Klinge wird nicht ausgeklappt, sondern nach vorn aus dem Griffstück geschoben. In der Endposition wird das federbelastete Verriegelungsstück von unten hochgedrückt und setzt sich hinter die Klinge. Entriegelt wird über eine Drucktaste wie beim Griffrücken-Mechanismus (*Back-Lock*). Diese Konstruktion kommt völlig ohne Klingenachse aus.

Mit den Klappmessern mit schwenkbaren Backen sind nicht etwa die als »*Butterflies*« bekannt gewordenen »Schmetterlings«-Messer gemeint, deren Griffe quer zur Klingenebene geteilt sind. Gemeint ist ein Klappmesser, das sich auf den ersten Blick nicht von einem herkömmlichen Muster unterscheidet. Die Backen lassen sich aber in Klingenebene um die Lagerachse schwenken und werden am Griffende durch eine relativ einfache Mechanik verriegelt. Mitnehmerzapfen setzen die Klinge jeweils im geöffneten oder geschlossenen Zustand fest. Diese Konstruktion ist sehr praxisgerecht, auch wenn das Schwenken der Backen zum Öffnen und Schließen erst einmal ungewöhnlich erscheint. Dafür ist die Mechanik problemlos, sehr stabil, verschmutzungsunempfindlich und kann bei Bedarf sehr leicht gesäubert werden.

Eine sehr elegante Variante ist der so genannte *Puma-Hidden-Lock*-Verschluss, was soviel wie verdeckter Verschluss bedeutet. Die Firma Puma hat dieses alte Solinger System vor einigen Jahren wieder aufgegriffen und fertigt Klappmesser. Eine Drucktaste wie beim *Liner* oder *Back Lock* sucht man vergebens. Die Klinge sitzt nach dem Öffnen unverrückbar fest, aber wie die Verriegelung wieder gelöst wird, ist zunächst ein Rätsel. Der *Hidden-Lock*-Mechanismus benutzt zum Lösen der Klingenverriegelung den Griffkörper, der sich gegeneinander verdrehen lässt. Die Eleganz dieses Verschlusses, der ganz ohne zusätzliche Hebel oder Drucktasten auskommt, besticht. Die Linie des Messers wird nicht unterbrochen und keine vorstehenden Metallteile drücken in die Handfläche.

Sicherlich gibt es noch viele weitere Varianten und Systeme von Klappmessern. Sie sind eine Wissenschaft für sich und spielen in der Praxis allenfalls eine untergeordnete Rolle.

Wenden wir uns deshalb im nächsten Kapitel den Messergriffen zu.

Beim Rolox wird die Klinge nach vorn aus dem Griffkörper geschoben.

Griffe und Griffmaterialien

Das Griffstück ist der auffälligste Teil des Messers. Klingenstahl ist im Wesentlichen immer blank und Schmuckeffekte lassen sich nur durch sorgfältige Spiegelpolituren oder mattierte Flächen erzielen. Beim Griffmaterial ist dies völlig anders, hier kann der Käufer nach Geschmack und Vorlieben wählen. Für Messergriffe lassen sich eine Vielzahl von Materialien verwenden und bei der Formgebung des Griffstückes stehen dem Handwerker eine Unzahl von Möglichkeiten zur Verfügung. Neben dem optischen sollte jedoch keinesfalls der praktische Aspekt vernachlässigt werden. Vergleichen lässt sich das durchaus mit den Sitzen eines Autos. Diese haben sicherlich keinen Einfluss auf die eigentliche Leistungsfähigkeit des Fahrzeuges, sind aber dafür verantwortlich, wie sicher, bequem und vor allem wie lange der Fahrer die Leistungsfähigkeit seines Fahrzeuges nutzen kann. Wer nach 800 Kilometern Autobahnfahrt noch entspannt und unverkrampft aus dem Wagen steigt, hat sicherlich optimale Sitze. Ähnlich verhält es sich mit einem Messergriff. Zeigen sich nach einer Stunde Arbeit mit einem Haumesser Blasen in der Handfläche oder haben die scharfen Kanten

Ein Griff mit Fingerrillen taugt nicht für jede Hand.

eines Klappmessers nach dem Aufbrechen Schwielen an den Händen hinterlassen, dürfte klar sein, dass dieser Griff schlichtweg unbrauchbar ist – mögen der Stahl noch so gut sein und die Griffschalen noch so edel aussehen. Auf dem Mark finden sich jede Menge Messer mit scharfen Kanten und unmöglich geformten Griffteilen. Die Ursache liegt einmal im Arbeitsablauf bei der fabrikmäßigen Herstellung, wo ein sauberes Abrunden der Kanten zusätzliche und zum Teil recht aufwändige Arbeitsgänge nach sich zöge, und zum anderen in der weit verbreiteten Annahme, dass eine scharfkantige Profilierung ein Zeichen von Präzision sei. Das mag vielleicht für Büchsenmacher beim Bau eines Gewehrs gelten, an Messergriffen haben scharfe Kanten nichts zu suchen.

Die Form des Griffes

Die Form des Griffs hängt vom vorgesehenen Einsatzzweck des Messers ab. Bei Kampfmessern, wie sie militärische Sondereinheiten verwenden, kommt es besonders darauf an, dass der Soldat beim Erfassen des Griffs zweifelsfrei über die Position der Klinge im Bilde ist; sprich: Ob die Schneide nach oben oder nach unten zeigt. In bestimmten Situationen fehlt einfach die Zeit die Klinge zu beobachten. Bei Messern, die als Stichwaffen eingesetzt werden (sowohl im

Griffe mit nur einer Fingerrille sind wesentlich unproblematischer.

militärischen als auch im jagdlichen Bereich), sollte der Griff grundsätzlich geradliniger ausfallen als bei reinen Schneidwerkzeugen. Bei Letztgenannten kann die Form ganz auf bequemes und ermüdungsfreies Arbeiten ausgerichtet werden. Das klingt einfacher als es ist. Ob ein Griff passt oder nicht ist eine individuelle Entscheidung, die von der Hand des Benutzers abhängt. Hier sind fabrikmäßig hergestellte Messer gegenüber *Custom-Knives*, die in nach Vorgaben des Käufers gebaut werden, gewaltig im Nachteil. Bei vielen fabrikmäßig hergestellten Messern finden sich daher einfache, möglichst gerade Griffe, die in große und kleine Hände passen, ohne aber für sich in Anspruch nehmen zu können, besonders komfortabel zu sein. Ein gutes Beispiel dafür ist auch der traditionelle Jagdnicker mit rundem Hirschhorngriff, der durch die leichte Krümmung der Hirschhornstange der Hand die Klingenposition signalisiert und grob gesehen in jede Hand passt. Diese einfachen Griffformen sind zwischenzeitlich aus der Mode gekommen bzw. verdrängt worden. Ergonomisch geformte Griffe befin-

Ein Messer mit universeller Griff-Form.

den sich auf dem Vormarsch. Hier liegt aber auch eine gewisse Gefahr, denn stark modellierte Griffe können das Gegenteil bewirken. Deutlich wird dies am Beispiel eines Griffes mit vier eingearbeiteten Fingerrillen. Dadurch wird nicht nur die Grifflänge insgesamt begrenzt, sondern auch die Position jedes einzelnen Fingers definiert. Ein solcher Griff kann nicht in jede Hand passen! Hier spielt nicht nur die Handgröße, sondern auch die Fingerlänge und Fingerdicke eine Rolle. Ein solcher Griff ist eine individuelle Angelegenheit und sollte nach den Handmaßen des Benutzers gefertigt werden. Selbst wenn dies der Fall ist, können sich bestimmte Nachteile bemerkbar machen. Der Griff mag ja optimal in der Hand liegen, wenn die Schneide beim Arbeiten wie üblich nach unten gerichtet ist. Aber gerade bei Jagdmessern kommt es vor, dass die Schneide – etwa beim Aufschärfen der Bauchdecke – nach oben gerichtet werden muss. Dann können die hohen Nocken zwischen den Fingergruben so problematisch werden, dass eine bequeme Handhabe des Messers nicht mehr möglich ist.

Universeller als das »Vier-Rillen-Modell« erweist sich die gemilderte Form mit nur einer Fingerrille unmittelbar hinter dem Handschutz. Wenn der Platz für die restlichen Finger vor der Nase am Griffende nicht zu stark begrenzt wird, kann man davon ausgehen, dass diese Form für verschiedene Handgrößen passt.

Wesentlich unverfänglicher ist aber die klassische Form ohne Fingerrillen, mit einem Handschutz zur Klinge hin und einem mehr oder weniger ausgeprägten Fingerhaken am Griffende. Diese altbewährte Form wird seit jeher bei Haushalts- und Metzgermessern verwendet. Solche Griffe haben, besonders wenn sie entsprechend an den Seiten modelliert sind, eine sehr gute Handlage. Optimal ist es, wenn die Griffschalen zur Mitte hin balliger, zum Ende hin schlanker werden und am Griffende in einer wulstförmigen Begrenzung enden.

Der gute, alte Knauf: Eine Verdickung am Griffende verhindert das Herausrutschen des Griffes aus der Hand.

Die Hand wird hier nach allen Richtungen hin abgestützt und das Messer lässt sich so beim Arbeiten sauber und sicher führen. Auch verschiedene Schneidpositionen sind möglich, ohne dass unangenehmer Druck in der Handfläche entsteht. Natürlich spielt die Größe des Griffes immer eine wesentliche Rolle. Eine Universalgröße, die in jede Hand passt, gibt es nicht. Im Zweifelsfall ist es aber besser, einen etwas zu großen Griff zu wählen als umgekehrt. Eine kleine Hand kann auch mit einem etwas zu groß geratenen Griff auskommen, während eine große Hand mit einem zu kleinen Griff kaum vernünftig arbeiten kann. Welcher Griff letztendlich bevorzugt wird, ist eine sehr persönliche Entscheidung. Außer der Größe spielen noch viele andere Faktoren mit – beispielsweise die Rückenkrümmung, ein gerader oder schräger Griffabschluss, seitliche Verdickungen oder Fingerrillen. Hier sollte die Auswahl nicht nur nach optischen Kriterien getroffen werden, sondern vor allem auf die Ergonomie geachtet werden. Wichtig ist, dass der Griff angenehm in der Hand liegt. Nur so lässt es sich sicher und über einen längeren Zeitraum hinweg komfortabel arbeiten. Bei Gebrauchsmessern, die üblicherweise für ziehende Schnitte eingesetzt werden, wirken sich ein überdimensionierter Handschutz und zu stark ausgebildete Fingerhaken am Griffende eher hinderlich aus. Nur bei Messern, die auch als Stichwaffen eingesetzt werden, macht ein stärker ausgebildeter Handschutz Sinn. Er verhindert, dass die Hand nach vorn abrutscht, wenn die Klinge auf Widerstand stößt.

Bei Messern, die zum Hacken oder Abschlagen von Ästen eingesetzt werden sollen – man denke an den klassischen »Standhauer« – ist ein Fingerhaken oder eine stark ausgeprägte Verdickung am Griffende vorteilhaft, die das Herausrutschen des Griffes aus der Hand verhindern.

Messer für spezielle Zwecke brauchen auch darauf abgestimmte Griffe. Bei universellen Gebrauchsmessern – wie Jagdmessern – bringen Sonderformen aber zu viele Nachteile. Hier sollte eine Griffform gewählt werden, die für Schneidarbeiten optimal ist.

Griffmaterialien – natürliche Stoffe

Hier gibt es zwei große Gruppen, die es gesondert zu betrachten gilt: *Naturerzeugnisse* und *Kunststoffe.* Während künstlich hergestellte Materialien wie *Kraton, Neopren* oder *Micarta* verhältnismäßig unproblematisch sind, bereiten natürliche Stoffe wie Holz, Horn, Knochen oder Elfenbein dem Messermacher zuweilen Kopfschmerzen. Sie werden aber schon eingesetzt seit es Messer gibt und gehören zu den bevorzugten Griffmaterialien. Erlesene Griffe sollen den Besitzer erfreuen und den Wert des Messers erhöhen. Schon vor Jahrhunderten

Mit edlen Gravuren und Griffschalen aus Mammut-Elfenbein ausgestattetes Messer.

wurden Blankwaffen mit edelsten Materialien verziert und waren oft ein Statussymbol, wie es heute das Auto ist. In vielen Ländern, etwa dem Jemen, trägt heute noch jeder Mann ein Messer.

Auch Griffmaterialien lassen sich nach optischen und praktischen Gesichtspunkten werten. Die optische Wertung ist eine reichlich subjektive Angelegenheit. Über Geschmack lässt sich bekanntlich nicht streiten. Praktisch sind Naturprodukte gegenüber den Kunststoffen sehr im Nachteil. Materialien wie Holz oder Horn »leben«, dass heißt, sie reagieren auf klimatische Veränderungen wie Luftfeuchtigkeit, Temperatur usw. Dadurch ändert sich das Volumen. Es können sich Spannungen aufbauen, die zum Verziehen und, je nach Befestigungsart, sogar zu Rissen führen können. Der Umfang solcher Veränderungen ist nur bedingt vorhersehbar und auch nur begrenzt beeinflussbar. Die verschiedenen Materialien arbeiten unterschiedlich stark, die einen mehr, die anderen weniger. Grundsätzlich dürfen für Messergriffe nur abgelagerte und getrocknete Materialien verwendet werden. Hier muss sich der Kunde zwangsläufig auf den Hersteller verlassen. Doch auch sorgfältigstes Ablagern und Trocknen kann nicht verhindern, dass diese Materialien später in verarbeitetem Zustand Feuchtigkeit aufnehmen oder abgegeben. Für den Messermacher ist dies von erheblicher Bedeutung. Probleme sind vorprogrammiert wenn der Kunde Materialien wünscht, bei denen schon abzusehen ist, dass sie später aufquellen oder sich verziehen werden. Bei einem teuren *Custom-Knife* sind selbst kleinste Veränderungen ärgerlich und deshalb sollte die Auswahl des Griffmaterials sehr sorgfältig geschehen. Leider sind gerade die anfälligsten Naturmaterialien optisch am reizvollsten und werden entsprechend oft verlangt. Sehen wir uns die beliebtesten natürlichen Werkstoffe mit ihren Vor- und Nachteilen der Reihe nach an.

Relativ *weiche, offenporige Hölzer* – wie etwa *Nussholz* – ändern in gut abgelagertem Zustand ihr Volumen bei Veränderungen der Luftfeuchtigkeit nicht. Ihre geringe Dichte macht diese Hölzer sehr saugfähig und sie lassen sich auch mit feuchter Hand relativ rutschfest greifen. Problematisch wird es jedoch beim direkten Kontakt mit Flüssigkeit. Das Holz saugt sich in kurzer Zeit voll und quillt auf. Dann kommt es zu den bekannten Probleme mit der Befestigung; an vernieteten oder verschraubten Teilen können sich Risse kommen. Des Weiteren haben offenporige Hölzer den großen Nachteil, dass sie auch Schmutz gut aufnehmen und dadurch bei Dauergebrauch schnell unansehnlich werden. Durch Versiegeln mit Lack oder Öl lässt sich die Saugfähigkeit zwar verringern, doch auch dann ist noch ein sorgsamer Umgang und eine intensive Pflege nötig. Auch die Verschleißfestigkeit ist für Gebrauchsmesser sicher nicht hoch genug. *Nussholz* wird daher kaum noch verwendet. Besser geeignet, aber auch nicht ganz unproblematisch und pflegebedürftig sind *Birkenwurzel, Ahorn, Zebrano, Thuya, Muthenye, Bruire, Amboina, Perlholz, Rosenholz, Olivenholz* und die verschiedenen *Palisanderarten* bis hin zu *Macassar, Jacaranda, Bubinga* und *Pao-Rosa.* Auch weniger dichtes *Cocobolo* gehört noch zu dieser Gruppe. Die genannten Hölzer haben natürlich sehr unterschiedliche Strukturen und mechanische Eigenschaften. Die relativ weichen Sorten, dazu gehören *Birkenholz, Thuya, Zebrano* und *Muthenye,* haben den großen Nachteil, dass harte Gegenstände leicht Spuren an der Oberfläche hinterlassen. Für ein Gebrauchsmesser sind diese Sorten daher nicht unbedingt zu empfehlen.

Tropische Harthölzer wie *Jacaranda, Macassar, Bubinga* oder *Cocobolo* sind wesentlich unempfindlicher und daher besser geeignet.

Ausschlaggebend ist aber nicht nur die Holzart allein, sondern auch die Qualität des verwendeten Stückes. Hier gibt es sehr große Unterschiede und das nicht nur in Abhängigkeit vom Wuchsgebiet. Differenzen können von Stamm zu Stamm, ja sogar innerhalb des selben Stammes auftreten. Diese Problematik zu vertiefen, macht jedoch wenig Sinn, da die Qualität am polierten und montierten Endprodukt nicht mehr auf einen Blick feststellbar ist. Erkennbar ist die Qualität oft nur bei der Bearbeitung. Hier kann der Kunde nur darauf vertrauen, dass der Hersteller bei der Auswahl des Rohmaterials eine gute Hand hatte. Ob dieses Vertrauen gerechtfertigt war, zeigt sich erst nach einigen Jahren. Ob etwa *Cocobolo* versiegelt werden muss, ist von seiner Qualität abhängig. Bei einem qualitativ sehr guten Stück ist ein Versiegeln nicht nötig, ja fast unsinnig, da das Holz so dicht ist, dass es keine Flüssigkeit und damit auch kein Öl aufnimmt. Ein Stück mäßiger Qualität bedarf dagegen nach der Grundbehandlung gegen Nässe und Schmutz regelmäßiger Pflege.

Die genannten Hölzer werden oft zu Griffen verarbeitet und finden sich vielfach an industriell ge-

Bei der Endbearbeitung eines Messergriffes aus Wüsteneisenholz.

fertigten Messern, da sie nicht zu teuer sind und sich auch noch mit relativ wenig Aufwand verarbeiten lassen. In guter Qualität und bei pfleglicher Behandlung erfüllen sie durchaus ihren Zweck.

Kommen wir nun zu den *dichten, schweren Hölzern* wie *Grenadille, Partridge, Schlangenholz, Cocos, Pockholz* und *Wüsteneisenholz.* Sie weisen eine sehr hohe Dichte auf und sind extrem hart. Die Widerstandsfähigkeit gegenüber mechanischer Belastung ist entsprechend hoch. Alle diese Hölzer enthalten ätherische Öle und verhalten sich in punkto Saugfähigkeit wie Kunststoff: Sie nehmen kurzfristig weder Wasser, Öl oder dergleichen auf. Die dichte Oberfläche lässt sich polieren und verschmutzt nicht. Natürlich wird bei intensivem Gebrauch auch die Oberfläche solcher Hölzer stumpf, doch spielt sich dies über einen wesentlich längeren Zeitraum als bei Hölzern geringerer Dichte.

Diese Holzarten sind für Messergriffe zwar erste Wahl, aber keineswegs unproblematisch. Ein Problem liegt in der schwierigen Verarbeitung. Es ist erstaunlich, wie schnell sich beim Abschleifen Schleifscheiben oder Bänder zuschmieren. Bei Serienmessern finden sich diese Holzsorten daher kaum. Messermacher verwenden sie aber bevorzugt.

Obwohl sie nicht saugfähig sind, reagieren auch diese dichten Hölzer wie alle Naturstoffe langfristig auf klimatische Veränderungen wie Luftfeuchtigkeit oder Temperatur. Werden nun solche Griffschalen montiert, wobei Holz und Metallteile perfekt angeglichen werden, so kann kein Hersteller garantieren, dass dies so bleibt. Voraussetzung dafür wären absolut konstante klimatische Bedingungen. Dies ist in der Praxis sicher nicht möglich. Wenn wir von Volumenveränderungen bei Griffschalen aus diesen Hölzern sprechen, so spielt sich das im Bereich von Hundertstel-, maximal Zehntelmillimetern ab. Trotzdem ist das bei einem wertvollen Messer ärgerlich und der Kenner fühlt auch den kleinsten Übergang sofort. Zum Glück treten solche Veränderungen relativ selten ein und niemand sollte deshalb auf Naturprodukte bei Messergriffen verzichten. In der Praxis sind wirklich auffällige Veränderungen bei den vorgenannten Hölzern sogar eher selten. Trotzdem sollte sich jeder Käufer darüber im Klaren sein, dass es keine Garantie gibt. In den meisten Fällen auffälliger Veränderungen ist der Besitzer des Messers selbst schuld. Wer sein Messer den ganzen Sommer über im Wagen liegen lässt, der dann auch noch häufig in der Sonne steht, darf sich nicht wundern, wenn sich bei Temperaturschwankungen von über 60 Grad die Griffschalen verziehen. Auch beim jahrelangen Aufenthalt in der Vitrine im gut beheizten Wohnzimmer mit viel zu geringer Luftfeuchtigkeit können hochwertige Hölzer schrumpfen. Die beste Pflege ist eigentlich das häufige Benutzen des Messers. Die Griffschalen kommen dann regelmäßig mit Handschweiß und

Feuchtigkeit in Berührung. Ein Sammler, der seine Lieblinge hin und wieder in die Hand nimmt, tut ihnen damit nur Gutes. Die Griffschalen gelegentlich mit *Handcreme* oder *Flüssigwachs* zu behandeln, ist ebenfalls eine gute Vorbeugung gegen das Schrumpfen. Allgemein kann man sagen, dass kurzfristige Einflüsse in der Anwenderpraxis, wie Nässe, Hitze und wechselnde Luftfeuchtigkeit, kaum eine Veränderung bewirken. Es sind stets die länger andauernden, einseitigen Einflüsse, wie zu niedrige Luftfeuchtigkeit, Nässe oder Erwärmung über größere Zeiträume, die zu unerwünschten Veränderungen führen.

Auch bei hochwertigen, dichten Hölzern gibt es natürlich noch Unterschiede. So neigt *Schlangenholz* erfahrungsgemäß sehr stark zum Reißen, selbst wenn es dünn aufgeschnitten über 20 Jahre gelagert wurde. Werden Schlangenholz-griffschalen, in denen sich Stifte oder Verschraubungen befinden, ungünstigen Bedingungen ausgesetzt, so ist mit hoher Wahrscheinlichkeit Rissbildung zu erwarten.

Auch das extrem harte *Pockholz* verhält sich unter ungünstigen Bedingungen sehr eigenwillig. Es schrumpft nicht nur, sondern neigt auch zum Verziehen. Dann halten weder Kleber noch Stifte mehr.

Am wenigsten von ungünstigen klimatischen Bedingungen beeindrucken lässt sich *Wüsteneisenholz*. Die Veränderungen sind so minimal, dass sie im Vergleich zu den anderen Hölzern vernachlässigbar erscheinen. Leider ist Wüsteneisenholz relativ selten und die Beschaffung schwierig. Entsprechend hoch ist sein Preis. Hinzu tritt noch das Risiko, dass beim Kauf von ganzen Stammstücken besteht. Ein Beispiel aus dem Erfahrungsschatz der Verfasser: Eines Tages trafen nach mehrjähriger Wartezeit einige Stammstücke in Dörrebach ein, so wie sie in der Wüste geborgen worden waren, also komplett mit Sand und toten Eidechsen durchsetzt. Gesamtgewicht 1,2 Tonnen, Preis 20 Mark pro Kilo – nicht gerade billig. Nach dreiwöchiger, äußerst mühseliger Sägearbeit und einem Verbrauch von mehr als 35 Sägebändern waren über 95 Prozent des Materials in den Brennholzschuppen gewandert. Die Risse im Holz liefen kreuz und quer und an den Rissrändern war das Holz verwittert und vermodert. Gut erhaltene Stücke in Griffschalengröße herauszuschneiden erwies sich als extrem schwierig. Die Ausbeute betrug schließlich an die 240 Paar Griffschalen, wovon 20 als sehr gut, 60 als gut und der Rest als brauchbar einzustufen waren. Eine sehr geringe Ausbeute. Das Chaos und der Dreck in der Werkstatt war dagegen enorm. Das Problem liegt darin, dass man erst nach dem Aufsägen sieht, wie viel von dem gefundenen Brocken wirklich verwertbar ist. Einfacher ist es, fertig aufgesägte Stücke von ortsansässigen Händlern in Arizona oder Nordmexiko zu kaufen, doch den Arbeitsaufwand und den Dreck lassen sich natürlich auch diese Händ-

Messer mit Griff aus Wüsteneisenholz. Dieses Holz lässt sich am wenigsten von ungünstigen klimatischen Bedingungen beeindrucken.

ler bezahlen. Zumindest spart man sich aber die Transport- und Speditionskosten für 95 Prozent Abfall.

Auch bei hochwertigen Hölzern ist der Messermacher nicht vor Überraschungen gefeit. Vorhersagen, wie sich eine Holzart unter bestimmten Bedingungen verhält, kann niemand. Dies belegt auch ein anderes Beispiel aus der Praxis. Ein Kunde bestellte ein kleines Beil in Integralbauweise. Damit sich der Aufwand lohnte, wurden zwei ähnliche Stücke gebaut. Der Ein Jahr, nachdem der Kunde das Stück abgeholt hatte, stand er wieder vor der Tür mit dem Anliegen, die Metallteile zu überschleifen, da im Griffbereich das Holz stark geschrumpft war. Da das zweite Beil noch vorhanden war, wurde ein einfacher und schneller Austausch vorgenommen und das Beil des Kunden zunächst beiseite gelegt. Als nach etwa drei Wochen das Beil überarbeitet werden sollte, kam die große Überraschung. Das Holz hatte seine ursprüngliche Form eingenommen und war nun wieder absolut bündig mit den Metallteilen. Daraus lässt sich für die Praxis einiges ableiten: Zeigen sich nach längerer Aufbewahrung im gleichen Raum überstehende Metallteile, sollten diese nicht gleich überschliffen werden, sondern zunächst eine »Luftkur« vorgenommen werden. Zwei, drei Wochen in einem Raum mit höherer Luftfeuchtigkeit wirken oft Wunder und Holz und Metall passen wieder perfekt zusammen. Dies gilt auch für Horn oder Elfenbein, die ähnlich reagieren wie hochwertige Hölzer.

Elfenbein nimmt immer noch eine herausragende Stellung unter den Griffmaterialien ein. Griffen aus Elefanten-Elfenbein sind heute kaum noch zu bekommen, denn selbst die Hersteller, die fristgerecht ihre legalen Bestände angemeldet und die Ausnahmegenehmigung vom Vermarktungsverbot beantragt haben, nutzen dieses kaum, da die damit verbundenen Auflagen und der Aufwand unangemessen hoch sind. Für die Hersteller, die noch größere Mengen Elfenbein auf Lager haben, ist dies ein großer materieller Schaden. Elfenbein muss abgelagert sein, wenn daraus gefasste oder eingepasste Teile gefertigt werden sollen. Dies zwang Händler und verarbeitende Betriebe wie Messermacher geradezu dazu, stets eine gewisse Menge zu lagern. Als das Vermarktungsverbot verhängt wurde, waren davon aber auch die legalen, also zur gewerblichen Nutzung erworbenen Altbestände betroffen. Dies stellte im Grunde eine Enteignung dar die sich durch eine Verfassungsklage hätte kippen lassen, wenn die Behörde nicht schnell die so genannte Ausnahmegenehmigung nachgeschoben hätte. Dieser Auflagenkatalog, der u.a. vorschreibt, Elfenbein in einem speziell bereitgestellten Lager aufzubewahren, ein Lagerbuch zu führen, in das jede Bewegung eingetragen werden muss (z.B. Verbringen in die Werkstatt, Verbrauch, Verbuchung der Abfälle, Rückführung der Restmenge) und sogar ver-

Griffschalen aus sibirischem Mammut-Elfenbein bestechen durch ihr Farbenspiel.

langt, jedes Stück unverwechselbar zu kennzeichnen, machen die Arbeit mit Elfenbein zum Albtraum. Dazu kommt, dass die Ausnahmegenehmigung *für jedes* Stück beantragt werden muss, natürlich kostenpflichtig und beim Verkauf ein ganzer Formularsatz auszufüllen ist, der u.a. Namen und Anschrift des Erwerbers enthält. Im Grunde genommen war diese Ausnahmeregelung nichts Anderes als eine willkommene Möglichkeit, den Betroffenen juristisch jede Möglichkeit auf Schadensersatzklagen zu nehmen.

Vom Material an sich her gesehen ist der gesetzlich verordnete Verzicht allerdings kein großer Verlust: Elfenbein ist äußerst problematisch und unberechenbar in der Verarbeitung. So zeigten sich selbst an Griffschalen, die von einem

Hirschhorn stellt mit das traditionsreichste Griffmaterial dar.

über 80 Jahre (!) lang gelagerten Stoßzahn stammten, extreme Veränderungen durch klimatische Einflüsse. Bei einem teuren Integralmesser kommt dies einer Katastrophe gleich. Selbst wenn eine Elfenbein-Griffschale nur zwei Zehntelmillimeter schrumpfen sollte, erscheint ein hässlicher, schwarzer Rand. Der Kunde ist entsprechend sauer und der Messermacher kann nur versuchen, den Schaden durch Nacharbeit zu beheben. Außerdem tritt noch ein ganz anderer Aspekt hinzu: »Nacktes« Elfenbein wirkt in Verbindung mit blank poliertem Stahl sehr kalt. Nur in Verbindung mit Gravuren, Verschneidungen oder Goldeinlagen kommt es richtig zur Geltung. Der finanzielle Aufwand ist entsprechend hoch und der Kunde sollte sich gut überlegen, ob er das Risiko des Schrumpfens bei solch einem kostspieligen Messer eingehen will.

Wer sich für Elfenbein entscheidet und es ohne großes Risiko und völlig legal erwerben will, wähle am besten eiszeitliches *Mammutelfenbein.* Es steht nicht nur in ausreichenden Mengen zur Verfügung, sondern besticht durch seine optische Wirkung: Die äußere Schicht der Stoßzähne weist eine wunderschöne bunte Färbung auf. Mammutelfenbein ist – im Unterschied zum Elefantenelfenbein – sehr stabil und neigt nur in geringem Umfang zu Veränderungen. Dieser über 25.000 Jahre alte Werkstoff ist aber entsprechend teuer und wird daher fast ausschließlich für wertvolle Messer verarbeitet. Auch gut erhaltenes Kernmaterial lässt sich für Griffschalen verwenden. Es zeigt in der Regel mehr Farbe als rezentes Elfenbein, ist aber nicht so stabil wie die Borke. Manche Stücke reagieren stärker auf Veränderungen der Luftfeuchtigkeit, während andere sehr konstant bleiben. Grundsätzlich ist beim Kernmaterial aber Vorsicht geboten, extreme Bedingungen bei der Aufbewahrung sollten vermieden werden. Angst, dass Kernmaterial vom Mammut mit Elefanten-Elfenbein verwechselt wird,

braucht niemand zu haben. An der Struktur des Materials ist eine Unterscheidung jederzeit möglich, der Wuchs und Aufbau des Mammutstoßzahnes ist ganz anders als beim heutigen Elefanten.

Weitere beliebte natürliche Griffmaterialien sind *Perlmutt* und *Horn.* Perlmutt ist ein sehr schöner Werkstoff, bei dem auch kaum mit Veränderungen zu rechnen ist. Für Messergriffe also bestens geeignet. Die zur Verfügung stehenden Stücke sind aber in Größe und Dicke begrenzt, sodass Griffschalen für große Messer nicht infrage kommen. Die Kanten von Perlmuttgriffschalen sind sehr schlagempfindlich, sodass hauptsächlich Perlmutt-Einlegearbeiten zu empfehlen sind. Vorwiegend wird Perlmutt für Klappmesser in so genannter *Interframe*-Bauweise verwendet.

Vielfach wird Perlmutt als zu »kalt« eingeschätzt, obwohl es je nach Muschelart die mannigfaltigsten Färbungen gibt. Schutzverordnungen erschweren den Handel aber auch hier und hinzu tritt noch ein Problem, das beim Schleifen auftritt: Der Schleifstaub ist gesundheitsschädlich und Perlmutt sollte daher nur nass geschliffen werden.

Unter den verschiedenen *Hornarten* stellt Hirschhorn zweifellos das beliebteste Material dar. Die reizvolle und zugleich griffige Oberflächenperlung verleiht jedem Jagdmesser ein stilechtes und stilvolles Aussehen. Auch Hirschhorn arbeitet wie alle bisher besprochenen Naturprodukte und muss entsprechend behandelt werden. Europäisches und nordamerikanisches Hirschhorn eignet sich kaum für Messergriffe. Lediglich runde Stangengriffe für Nicker und ähnliche Messer lassen sich daraus fertigen. Für beidseitig aufgesetzte Griffschalen ist das Horn dieser Hirscharten in der Knochensubstanz zu dünn und porös. Die zum Angleichen an das Metall abgeschliffenen Stellen werden sehr schnell schmutzig und unansehnlich. Dazu kommt die Gefahr, dass Nässe in den porösen Bereich eindringt, was im Laufe der Zeit unweigerlich zum Ablösen der Griffschalen führt. Für Griffschalen wird daher nur *indisches Sambar-Hirschhorn* eingesetzt. Die Stangen der Sambarhirsche haben eine wesentlich dickere und dichte Knochenmasse. Daraus lassen sich Griffschalen ohne Reste aus porösem Mark schneiden. Brauchbare Stücke zu bekommen, ist jedoch nicht einfach, da die Ausfuhr eingeschränkt ist. Für hochwertige Messer kommen nur Stangen mit schöner, gleichmäßiger Perlung infrage, die eine entsprechend gerade Form haben, die sich wiederum einwandfrei dem Griff anpassen lässt, ohne dass beim Angleichen übermäßig viel Perlung weggeschliffen werden muss.

Kommen wir nun zu *Büffelhorn* und zu *Schafhorn*. Optisch durchaus reizvoll, haben diese Materialien leider die Eigenschaft, sehr stark auf klimatische Veränderungen zu reagieren. Sie schrumpfen oder quellen nicht nur, sondern neigen auch sehr stark zum Verzug. Das Horn wirft in der Fläche auf und hebt sich an den Kanten und Ecken ab. Diese Vorgänge lassen sich auch nicht durch festes Verkleben oder sorgfältiges Verstiften unterbinden. Selbst bei Horn, das nachweislich aus Vorkriegszeiten stammt, zeigen sich diese unangenehmen Eigenschaften. Bei hochwertigen Messern ist deshalb von diesen Hornarten nur abzuraten.

Was bei alten Sammlermessern als Patina gilt und ein Zeugnis von Originalität und Echtheit ist, akzeptiert kein Kunde bei einem neuen Messer. Wer einen Griff aus Naturstoffen haben will, sollte immer bedenken, dass es völlig normal ist, dass diese Werkstoffe arbeiten und sich verändern. Es gibt keine Möglichkeit, dies gänzlich zu verhindern. Offenporige Hölzer, wie zum Beispiel Birke, können zwar imprägniert werden und verfestigen sich damit erheblich, doch langfristig reagiert auch dieses stabilisierte Material auf Witterungseinflüsse.

Künstliche Griffmaterialien

sind sehr viel unproblematischer in der Verarbeitung und beständiger gegenüber klimatischen Veränderungen als Naturprodukte. *High-Tech*-Stoffe wie etwa *G 10* (mit Epoxidharz umgossene Glasfasermatte) sind äußerst robust und fast unverwüstlich. Durch Sandstrahlen tritt die Faserstruktur des Materials zu Tage und der Griff wird äußerst rutschfest. Auch *Spauldite G-10* ist ein glasfaserverstärktes *Composite*-Material mit sehr hoher Stabilität und Zähelastizität, das sich hervorragend für Griffe eignet und viel verwendet wird. Besonders leicht verarbeiten lassen sich Kunststoffe, die einfach auf die Angel gespritzt werden können, wie etwa *Grilon* oder *Zytel.* Grilon ist ein Glasfaserkunststoff, der von der EMS-Chemie bereits 1948 entwickelt wurde und äußerst strapazierfähig ist. Auch Zytel hat einen Glasfaseranteil von 33 Prozent, ist aber ein Kunststoff auf Nylon-Copolymer-Basis. Für die industrielle Fertigung ist die Fertigung von Messergriffen in Spritzgusstechnik ideal. Die aufwändige und kostspielige Herstellung der Formen und die Investitionen für die technischen Anlagen lohnen aber nur bei Großserien. Generell lässt sich sagen, dass von der praktischen Seite her betrachtet ein Industriemesser mit einem Griffen aus hochwertigem Kunststoff jedem Serienmesser mit Naturgriff vorzuziehen ist. Hier kann sich nichts verziehen, der Käufer braucht keine Angst vor minderwertigem Ausgangsmaterial zu haben und die Passarbeiten sind bei den heutigen computergesteuerten Spritzmaschinen hervorragend.

Leider gibt es keinen Kunststoff, der es in der optischen Ausstrahlung mit Naturprodukten aufnehmen kann. Messermacher verwenden Kunststoffe daher so gut wie gar nicht. Einzige Ausnahme ist *Micarta,* das als so genannter natürlicher Kunststoff eingestuft wird. Bei Micarta wird zwischen *Holzmicarta, Leinenmicarta* und *Papiermicarta* unterschieden. *Holzmicarta* ist im Prinzip ein Schichtholz, das aus sehr offenporigen und saugfähigen Hölzern wie etwa Balsaholz gefertigt wird. Die dünnen, papierähnlichen Platten werden eingefärbt, mit Kunstharz getränkt und aufeinander gepresst. Durch die Fähigkeit dieser offenporigen Hölzer, sehr viel Kunstharz aufzunehmen, kommen beim Endprodukt die Eigenschaften des Kunststoffes stärker zum Tragen als die ursprünglichen Eigenschaften des Holzes. Dadurch wird der Griff wesentlich unempfindlicher gegenüber Feuchtigkeit. Allerdings leidet die Griffigkeit darunter. Beim so genannten *Leinenmicarta* wird anstelle von Holz Leinen verwendet. Die Leinenfasern dienen der Armierung des Phenolharzes und geben ihm eine Struktur, wodurch ein optisch sehr interessanter Effekt entsteht. Zusätzlich wird die Griffigkeit erhöht, die gegenüber Holzmicarta sehr viel günstiger ausfällt. Leinenmicarta ist ein stabiles, beständiges Griffmaterial und für hochwertige,

»kompromisslose« Gebrauchsmesser bestens geeignet. Bei den verschiedenen *Papiermicarta*-Sorten wird Papier und Kunstharz übereinander geschichtet. Nach dem Verpressen entsteht ein fester Werkstoff. Diese Micartasorte ist aber nicht ganz so stabil wie Leinenmicarta und optisch auch weniger interessant. Papiermicarta ist daher zwischenzeitlich auch weitgehend aus dem Angebot der Hersteller verschwunden. Für ein gutes Gebrauchsmesser, das wirklich für den harten Einsatz gedacht ist, ist ein Griff aus Leinenmicarta sicher eine gute Wahl. Messermacher verwenden diesen Werkstoff meist nur, wenn der Kunde ein funktionelles Messer zu einem möglichst günstigen Preis haben will. Mit ein Grund für die Abneigung vieler Messermacher gegen Micarta ist sicher auch die Tatsache, dass beim Schleifen gesundheitsschädlicher Staub entsteht und dieser Kunststoff nur mit Atemschutz und guter Absauganlage bearbeitet werden sollte.

Abschließend bleibt zu sagen, dass bei hochwertigen und wertvollen Messern Micarta oder ein anderer Kunststoff kaum als Griffmaterial Verwendung findet. Hier ist die Domäne der Naturmaterialien. Neben den eingehend besprochenen natürlichen Werkstoffen gibt es noch eine Reihe anderer Naturprodukte, die

gelegentlich zu Messergriffen verarbeitet werden. Dazu gehören etwa *Bernstein, Mineralien, Halbedelsteine, Schildpatt, Wahlrosszähne, Nashorn* oder *Walzähne.* Die meisten dieser Materialien sind entweder äußerst problematisch in der Verarbeitung oder die Schaustellung und Vermarktung ist durch das Artenschutzabkommen verboten. Näher darauf einzugehen lohnt daher nicht, zumal die Anzahl der Messer, die mit Griffschalen aus einem dieser Stoffe ausgestattet werden, verschwindend gering ist.

Eine Wertung der verschiedenen Griffmaterialien vorzunehmen, ist sicher schwierig und auch äußerst subjektiv. Die physikalischen Eigenschaften einerseits und die bisherigen Erfahrungen mit den unterschiedlichen Materialien setzen aber *Mammutelfenbein* – und zwar das sehr harte Oberflächenmaterial – an erster Stelle, gefolgt von gutem *Wüsteneisenholz.*

Diese beiden Stoffe stellen eine optimale Synthese von Gebrauchstüchtigkeit und Schönheit dar. Führen wir die Rangliste weiter, würde Wüsteneisenholz allgemein den dritten Platz belegen, gefolgt von gutem Kernmaterial vom Mammutstoßzahn und hochwertigem *Sambarhischhorn.* Danach kämen Hölzer wie *Grenadille, Cocos, Cocobolo, Bubinga* und *Jacaranda.*

Bei der Wahl des Griffmaterials ist der persönliche Geschmack des Käufers oder Auftraggebers ausschlaggebend. Dabei sollten aber die jeweiligen Eigenschaften der Materialien nicht ignoriert werden. Wichtigste Erkenntnis für den Messerliebhaber sollte in diesem Zusammenhang die Tatsache sein, dass Naturprodukte leben und auf Umwelteinflüsse reagieren. Sie sollten nicht über einen längeren Zeitraum hinweg ungünstigen Bedingungen, wie zum Beispiel trockener Luft, Nässe oder dergleichen ausgesetzt werden. Wie schon gesagt, gelegentlicher Kontakt mit Handschweiß schadet nicht und ein wenig Handcreme oder ein paar Tropfen Öl können eine Menge Ärger verhindern. Auch Messergriffe brauchen eben gelegentlich ihre Streicheleinheiten.

Messer mit Micartagriff.

Das Schärfen des Messers

Nur mit einer scharfen Klinge lässt es sich vernünftig arbeiten und irgendwann wird auch ein Messer aus hochwertigem Stahl stumpf. Dann muss nachgeschärft werden, und dies liest sich auf diesem Blatt Papier wesentlich einfacher als es in Wirklichkeit ist.

Zwischen der *Verschleißfestigkeit* eines Stahls und seiner *Schleifbarkeit* besteht ein direkter Zusammenhang, denn Verschleißfestigkeit bedeutet nichts Anderes als *Abriebfestigkeit*, und diese macht sich selbstverständlich auch beim Schärfen bemerkbar. Es wäre illusorisch zu glauben, eine hoch schnitthaltige Klinge aus einem modernen Messerstahl ließe sich mit gleichen Mitteln und Zeitaufwand nachschärfen wie eine alte Kohlenstoffstahlklinge. Ganz anderes Werkzeug und wesentlich mehr Aufwand sind angesagt. Theoretisch lässt sich mit sehr viel Zeit und Mühe sicher auch eine Klinge aus pulvermetallurgischem Stahl auf einem herkömmlichen Ölstein schärfen, doch das sollte sich niemand antun. Zeit hat kaum noch jemand und das dazu nötige Geschick besitzen sicher nur wenige handwerklich begabte Messerbenutzer. Der weitaus größte Teil der Jäger und anderer Messerbenutzer ist schlicht nicht in der Lage, eine Klinge wirklich fachgerecht zu schärfen.

Doch vom Schärfen lebt mittlerweile ein ganzer Schleifmittel produzierender Industriezweig und es werden ständig neue Systeme vorgestellt, mit denen das fachgerechte Schärfen einer Messerklinge noch einfacher sein soll. Doch bei all diesen Systemen kommt es letztendlich auf das Können und vor allem auf das richtige Gefühl des Schleifenden an.

Außerdem gilt es die Tatsache zu berücksichtigen, dass es Geräte gibt, die zum Schärfen von Haushalts- oder Metzgermessern bestens eingesetzt werden können, bei Jagdmessern aus hochwertigem Stahl aber eher eine zerstörerische Wirkung haben.

Bevor wir uns mit den verschiedenen Methoden und Mitteln des Messerschärfens befassen, sollen zunächst einige grundsätzliche Punkte und Begriffe geklärt werden, die ursächlich für die Schärfe eines Messers sind.

Unter *Schärfe* versteht man den augenblicklichen Zustand einer Schneide, also ihre Eigenschaft, bei leichtem Druck und ziehender Bewegung das zu schneidende Gut zu durchtrennen. Die Schärfe ist abhängig von zwei Faktoren, der *Schneidengeometrie* der Klinge und dem Können des Schärfers. Zum Feststellen der Schärfe gibt es mehrere Methoden und jeder Benutzer versteht unter »scharf« etwas Anderes. Da werden die Haare vom Unterarm abrasiert, frei gehaltene Papierblätter durchtrennt oder Wollfäden in der Luft durchgeschnitten. Sehr effektiv ist die Methode, die Schneide ohne Druck auf den rund 45 Grad nach unten gehaltenen Daumennagel zu setzen. Dabei darf wirklich nur das Eigengewicht des Messers auf die Nageloberfläche wirken. Rutscht die Schneide nach unten ab, ist die Schärfe nicht ausreichend. Ein wirklich scharfes Messer greift sofort in die Nageloberfläche ein und gleitet nicht ab.

Nicht zu verwechseln mit der Schärfe ist die *Schnitthaltigkeit*. Dieser Begriff beschreibt die Nutzungsdauer einer Klinge bis zum nächsten fälligen Nachschärfen. Die Schnitthaltigkeit ist in aller erster Linie von der Stahlqualität, aber im geringen Maße auch von der Schneidengeometrie und von der genutzten Klingenlänge abhängig. Es ist logisch, dass bei einer Klinge, bei der nur fünf Zentimeter Schneidlänge genutzt werden, diese fünf Zentimeter eher stumpf werden als die ungenutzten restlichen. Die Bedeutung des Stahls ist bereits eingehend be-

Schleifen eines Messerrohlings.

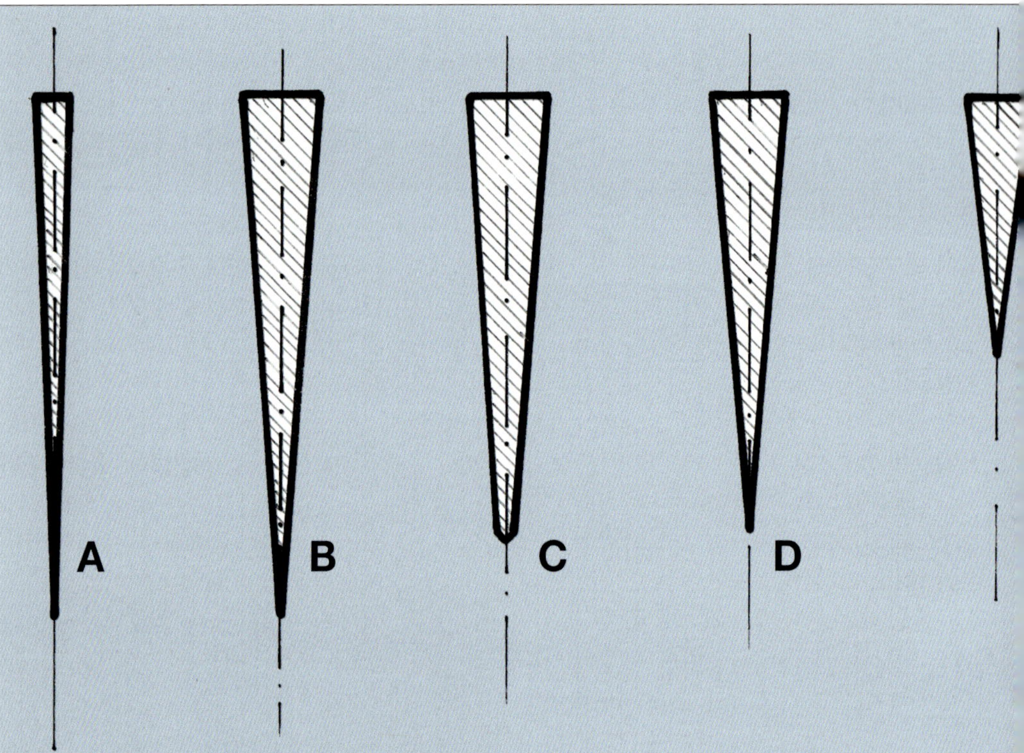

Unterschiedliche Klingenquerschnitte für unterschiedliche Zwecke (Erläuterung im Text).

handelt worden, sodass wir uns jetzt der *Schneidengeometrie* zuwenden können. Sie ist verantwortlich für die Schneideigenschaften des Messers. Vereinfacht ausgedrückt, versteht man darunter die Eindringtiefe der Klinge in das Schnittgut bei einem bestimmten Druck und entsprechender ziehender Bewegung. Dabei ist eine dünne Klinge mit sehr spitzwinkliger Schneide natürlich im Vorteil. Bei entsprechender Schärfe wird sie das Schnittgut wesentlich leichter durchtrennen als eine dicke Klinge mit stumpfwinkliger Schneide. Die theoretisch besten Schneideigenschaften weist danach eine Klinge mit möglichst dünnem Rücken auf, deren seitliche Klingenflanken direkt in die Schneide übergehen. So sieht eine Rasierklinge aus, bei einem Messer ist diese schneidtechnische Idealform jedoch nicht zu verwirklichen. Eine zu dünne Klinge kann beim Arbeiten nicht mehr sauber geführt werden, da sie sich bei geringstem Druck durchbiegt. Außerdem ist eine sehr spitzwinklige Schneide extrem empfindlich und bricht schnell aus. Selbst ein Metzgermesser weicht von dieser Idealform ab und stellt bereits einen Mittelweg zwischen besten Schneideigenschaften und Festigkeit dar. Außerdem benutzen Metzger verschiedene Messer für unterschiedliche Arbeiten. Zwei davon lohnt es sich näher zu betrachten. Einmal ein Messer zum Schneiden oder Zerteilen von Fleisch, das eine breitere und stets etwas längere Klinge hat, da zum richtigen Schneiden nicht nur der senkrechte Druck, sondern auch eine ziehende Bewegung gehört. Zum anderen ein Messer zum Ausbeinen und Schneiden entlang der Knochen sowie zwischen Gelenkknorpeln mit wesentlich kürzerer, schmaler und spitzer Klinge. Die unterschiedlichen Klingenquerschnitte sind aus der nachfolgenden Skizze ersichtlich. Abbildung **A** stellt einen in der Praxis kaum verwendbaren Idealquerschnitt einer Klinge dar. Der Winkel zwischen den seitlichen Flanken der Klinge ist minimal. Abbildung **B** zeigt den Querschnitt der Klinge des großen Metzgermessers, das zum Fleischschneiden dient. Um die nötige Stabilität zu erreichen, fällt der Klingenrücken breiter und der Winkel zwischen den Flanken, *Schnittkeil* genannt, größer aus, wodurch die Schneide eine bessere Abstützung bekommt. Abbildung **C** zeigt den Querschnitt eines stark gebrauchten Schlachtermessers. Die Abnutzung durch Schnittgut und vor allem durch den Gebrauch des Wetzstahles führen dazu, dass die Schneide immer stumpfer wird. Mit dem Wetzstahl lässt sich dann nichts mehr erreichen und der *Grundschliff* muss erneuert werden. Dabei werden die Flanken der Klinge nachgeschliffen, bis sie wieder in der Schneidenspitze zusammenlaufen, wie in Abbildung **D** dargestellt. Erst dann kann wieder mit dem Wetzstahl gearbeitet werden. Das Erneuern des Grundschliffes, also das Nachsetzen der Klingenflanken, ist nur auf einem Sandstein, einer geeigneten Schleifscheibe oder einem Band möglich, denn es muss flächig relativ viel Material abgetragen werden. Auf einem Ölstein würde diese Arbeit Tage in Anspruch nehmen. Abbildung **E** zeigt den Querschnitt des schmaleren, kürzeren Ausbeinmessers. Bei gleich starkem Klingenrücken wird der Schnittkeil mit abnehmender Klingenbreite zwangsläufig größer bzw. stumpfwinkliger. Viele der in Gebrauch befindlichen Ausbeinmesser sind aus durch Abnutzung und Nachschleifen schmal und kurz gewordenen Schneidmessern entstanden.

Die bisher besprochene Schneidgeometrie gehört zu Messern, deren Klingen aus feinkörnigem, elastischem und nicht allzu hoch härtendem Stahl gefertigt werden.

Bei Haushaltsmessern finden sich oft Klingen, die einen *Wellen-* oder *Rillenschliff* aufweisen. Dadurch soll zum einen ein Sägeeffekt beim ziehenden Schneiden – etwa bei Brotmessern – erzielt, zum anderen die Schärfe gewissermaßen »konserviert« werden. Das ist bei wellenförmig geschliffenen Spitzen von Besteckmessern der Fall. Mit Besteckmessern wird häufig auf Porzellantellern oder Glasplatten geschnitten und eine glatte Schneide wäre hier schnell stumpf. Beim Wellenschliff berühren nur die Spitzen das harte Porzellan, während die Wellentäler ihre Schärfe behalten. Bei ausreichendem Druck tauchen die stumpfen Spitzen in das Schnittgut (Steak, Schnitzel) ein und die dazwischen liegenden, scharf gebliebenen Schneidsegmente können ihre Arbeit verrichten. Sind die Rillen oder Wellen nur von einer Seite in die Klinge geschliffen, kann die glatte Seite gelegentlich auf dem Ölstein vorsichtig abgezogen werden, um die Schärfe etwas zu erneuern. Bei beidseitig eingeschliffenen Rillen ist ein Nachschärfen nur auf einer entsprechend profilierten Schleifscheibe möglich. Bei Haushaltsmessern ist ein Wellenschliff für bestimmte Einsatzzwecke sinnvoll und praktisch.

Die Schlussfolgerung beim Gebrauch von Messern mit glatten Schneiden aus diesen Ausführungen sollte sein, Schnittgut immer auf eine weiche Unterlage, möglichst Holz, zu legen und niemals auf Porzellan, Glas oder Keramik.

Kommen wir jetzt zur Schneidgeometrie von Jagd- und Freizeitmessern. Von diesen Klingen wird erwartet, dass sie trotz hoher Beanspruchung über einen längeren Einsatzzeitraum hinweg scharf bleiben. Dies setzt die Verwendung eines verschleißfesten und sehr hoch härtbaren Stahles voraus. Diese Stahleigenschaften und die zu erwartende wesentlich höhere Belastung machen es aber unumgänglich, bei der Klingenkonstruktion noch weiter vom Idealquerschnitt abzuweichen. Um Beschädigungen der Schneide beim Kontakt mit hartem Schnittgut zu vermeiden, darf der Schneidwinkel nicht zu spitz ausfallen. Bei einer Klinge, die so gestaltet ist, dass Schnittkeil und Schneidwinkel identisch sind, würde der Klingenrücken mehr als zehn Millimeter messen (Abbildung **F**). Aus den beiden Skizzen ist dies deutlich ersichtlich. Eine solche Klinge wäre jedoch sowohl arbeitstechnisch als auch von der Festigkeit her gesehen absolut unsinnig.

Für Gebrauchsmesser wird daher eine Konstruktion, wie in Abbildung **G** dargestellt, mit schlankem Schnittkeil und angeschärftem Schneidwinkel gewählt. Der Winkel der Schneide kann je nach Verwendungszweck unterschiedlich gewählt werden. Abhängig vom Einsatzzweck ist auch die *Schneidbasis,* also die Dicke der Klinge vor dem Übergang in die Schneide. Bei einem Messer, das zum Häuten erlegten Wildes eingesetzt wird, wäre eine Basis von 0,2 Millimeter und ein Schneidwinkel von 15 Grad ideal, während ein so genanntes Waidblatt, das für grobe Arbeiten gedacht ist, eine Basis von 0,7 Millimeter und einen Schneidwinkel von über 20 Grad braucht. Grundsätzlich lässt sich feststellen, dass die Schneideigenschaften universell einsetzbarer Messer im Verhältnis zum Idealquerschnitt rapide abnehmen. Für die Praxis bedeutet

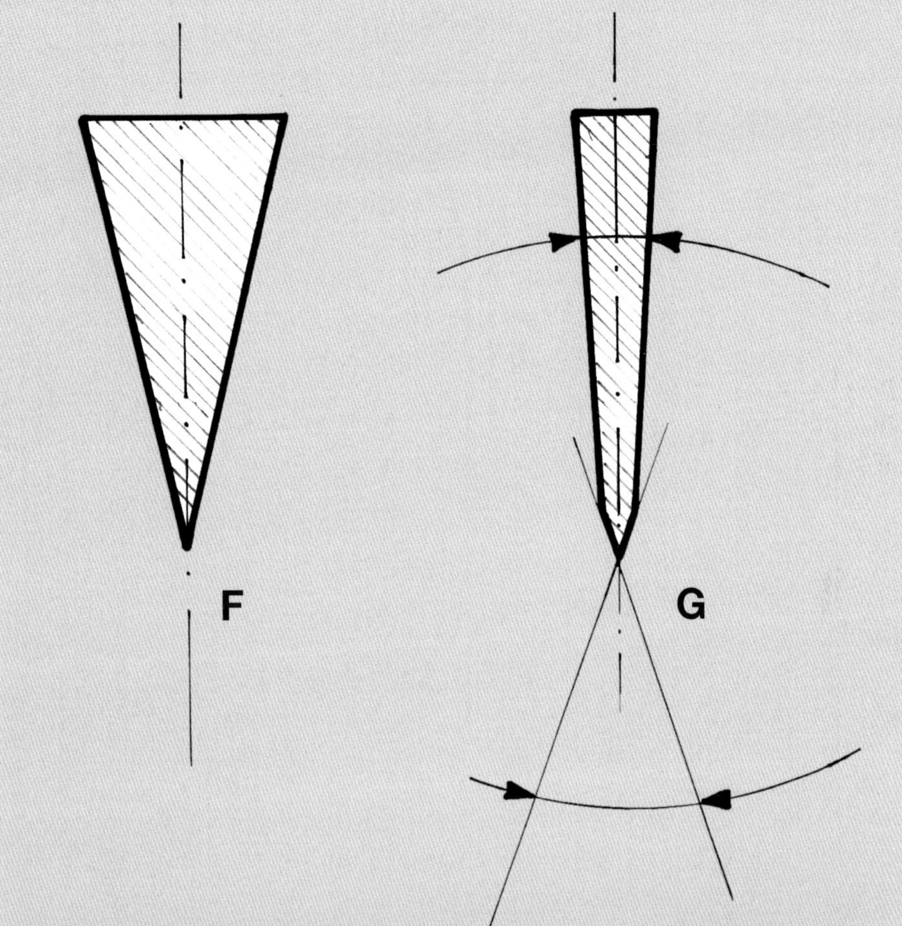

Schneidenquerschnitte: Bei (F) sind Schnittkeil und Schneidwinkel identisch, eine eher unpraktische Lösung. Zeichnung (G) zeigt dagegen den schlanken Schnittkeil und den Schneidewinkel eines Gebrauchsmessers.

dies, dass der Benutzer zum Abtrennen einer Salamischeibe mit einem Jagdmesser wesentlich mehr Kraft benötigt als mit einem Metzgermesser. Dafür steht die Schneide länger und das Messer kann auch für gröbere Arbeiten eingesetzt werden. Ein Gebrauchsmesser stellt immer einen Mittelweg dar. Eine Klingenkonstruktion, die für alle Anforderungen ideal ist, gibt es leider nicht.

Durch häufiges Schärfen verschlechtern sich die Schneideigenschaften eines Gebrauchsmessers ständig. Dies geht deutlich aus Abbildung **G** hervor, denn je öfter nachgeschärft wird, umso dicker wird die Schneidbasis. Die Schneideigenschaften lassen also nach und es muss mehr Kraft aufgewendet werden, um

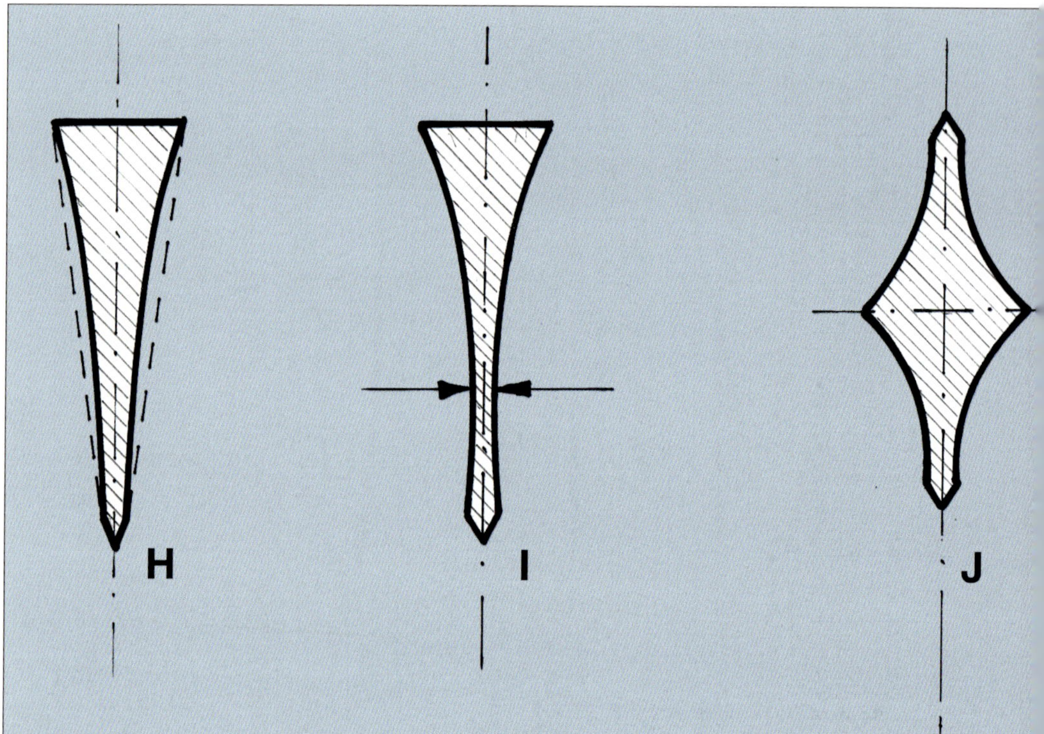

Verschiedene Arten des Hohlschliffs.

die Klinge in das Schnittgut zu drücken. Häufiges Nachschärfen ist somit eigentlich schlecht für die Klinge. Gerade hochwertige und teure Messer sollten nicht ständig nachgeschärft werden, wenn sie etwas von ihren Schneideigenschaften verloren haben. Oft reicht auch ein leichtes Abziehen auf feinsten Schleifmitteln wie Aluminiumoxidstäben oder auf dem mit Polierpaste eingestrichenen Lederriemen. Grobe, Material abtragende Schleifmittel sollten so wenig wie möglich eingesetzt werden. Ist die Klinge einmal so weit abgenutzt, dass die Flanken nachgeschliffen werden müssen, ist dies selbst für einen Fachmann problematisch. Das optische Bild und natürlich auch die ursprüngliche Klingenoberfläche sind dann dahin.

Eine ganz andere Schneidgeomerie zeigt der *Hohlschliff* . Wie Abbildung **H** deutlich macht, fällt beim Hohlschliff bei gleicher Klingenbreite und Klingenrücken der belastbare Querschnitt und die Abstützung der Schneide wesentlich schwächer aus. Bei geringer Schnitt-Tiefe besitzt eine hohlgeschliffene Klinge zwar bessere Schneideigenschaften, neigt aber leichter zum Ausbrechen. Bei tiefen Schnitten sind dagegen die Schneideigenschaften nicht besser und nicht schlechter als beim Flachschliff. Die Empfindlichkeit der Schneide jedoch bleibt.

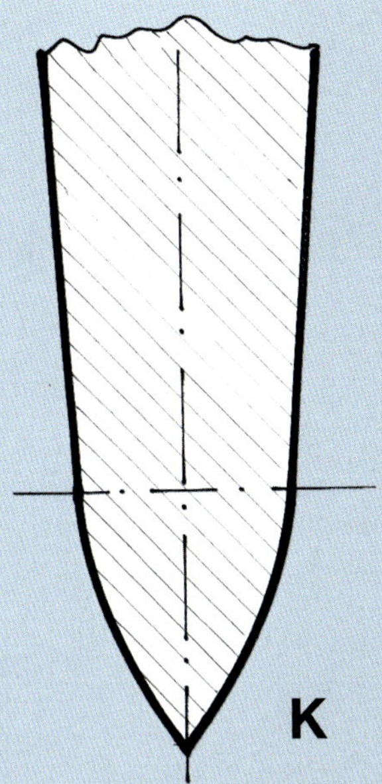

Querschnitt einer balligen Schneide, wie sie sich bei Äxten und Hiebwaffen bewährte.

Wird ein Hohlschliff mit zu kleinem Scheibendurchmesser gefertigt, wie in Abbildung **I** leicht übertrieben dargestellt, ist ein Ausbrechen der Schneide geradezu vorprogrammiert. Der Hohlschliff war ursprünglich für Rasiermesser gedacht und lässt sich zum Balbieren auch sehr gut einsetzen. Haare haben eine äußerst geringe Schnitt-Tiefe und das Abziehen auf dem Lederriemen wird wesentlich vereinfacht. Dazu kommt, dass der Hohlschliff fertigungstechnisch sehr einfach herzustellen ist. Zwei gleiche, synchron laufende Schleifscheiben und ein Führungslineal reichen, um eine symmetrische Klinge herzustellen. Auch an der Kontaktrolle einer einfachen Bandschleifmaschine lässt sich ein Hohlschliff einfach fertigen. Bei Gebrauchsmessern ist der Hohlschliff dem Flachschliff aber immer unterlegen. Wenn es unbedingt eine hohlgeschliffene Klinge sein muss, aus welchen Gründen auch immer, sollte diese mit möglichst großem Schleifraddurchmesser gefertigt werden, damit die Querschnittsverjüngung so gering wie möglich ausfällt.

Ganz anders sieht es bei zweischneidigen Kampfmessern oder bei Dolchen mit relativ dickem Kern aus. Hier sind die Relationen zwischen Schleifbreite und Tiefe so, dass mit relativ kleinem Schleifraddurchmesser gearbeitet werden muss, um eine ausreichende Querschnittverjüngung zu erreichen. Bei diesen Klingen handelt es sich aber um Stichwaffen und nicht um Schneidwerkzeuge und somit werden ganz andere Anforderungen gestellt.

Neben dem Hohlschliff und dem Flachschliff gibt es noch ein dritte Schneidgeometrie, die aber mittlerweile sehr selten geworden ist. Es handelt sich hier um eine ballige Form, wie sie sich bei Axt- oder Beilschneiden und bei Hiebwaffen wie Säbeln oder Schwertern bewährt hat (siehe Abbildung **K**). Eine solche Schneide ist aber sehr schwierig herzustellen, weshalb meist eine eher winklige Form, wie in Abbildung **G** dargestellt, zurückgegriffen wird.

Fachgerechtes Messerschärfen

Die Drehrichtung einer Schleifscheibe oder eines Bandes darf niemals gegen die Schneide verlaufen, sondern immer von ihr weg. Hakt es einmal, weil das Band eine Schadstelle hat, kann nicht nur die Klinge Schaden nehmen, sondern es besteht auch Verletzungsgefahr. Die gute alte Schleifmethode mit dem langsam im Wasserbad drehenden Stein ist auch heute noch eine der besten und selbst für hochwertige Stähle geeignet. Die Oberfläche des Steins muss nur hin und wieder glatt und sauber abgerichtet werden. Optimal ist eine Planscheibe aus Aluminium, Plexiglas oder Hart-PVC von etwa 400 Millimeter Durchmesser, die beidseitig mit Schmiergelleinen beklebt ist und sich mit maximal 80 Umdrehungen pro Minute dreht. Als Schmiergelleinen wird Korund verwendet, der mittels Kunstharz auf einen schweren Leinenträger gebunden ist, so wie das auch bei hochwertigen Schleifbändern der Fall ist. Wichtig ist, dass der mit Sprühkleber aufgezogene Schleifbelag aus einem Stück besteht. Hier gibt es manchmal Probleme bei der Beschaffung. Der große Vorteil einer solchen Planscheibe besteht darin, dass immer eine einwandfreie, ebene Schleiffläche vorhanden ist. Beim erstmaligen Schärfen einer Klinge, wobei sehr viel Material abgetragen werden muss, kommt eine Körnung von 240 zum Einsatz. Danach reichen eine 400er- oder 600er-Körnung aus. Die Schleifscheibe wird beim Arbeiten immer wieder leicht mit Schleiföl eingesprüht, wodurch die Erwärmung reduziert und die Schnittfähigkeit der Körnung verbessert wird. Dies gilt auch für das Schleifband, auf dem sich Klingen mit mehrfach gegenläufig geschwungenen Schneiden besser schärfen lassen. Hier wird mit der freiliegenden Bandfläche gearbeitet, die sich schon bei leichtem Druck der Schneidform anpasst. Auch das Band muss mit niedriger Drehzahl laufen. Nur so lassen sich irreparable Schäden durch Überhitzung und kleine Fehler am

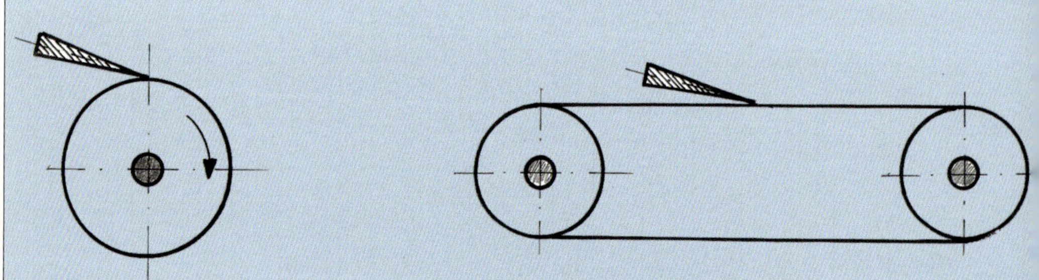

Die Schneide darf nie gegen Drehrichtung einer Schleifscheibe oder eines Schleifbandes geführt werden, sondern – wie hier dargestellt – immer nur in Drehrichtung.

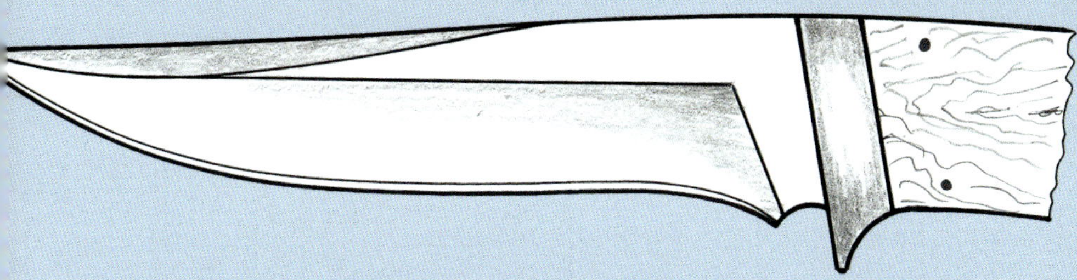

Besondere Klingenformen wie diese sollten am Band geschärft werden.

Band vermeiden. Bei hochtourigen Bändern ist die Materialabtragleistung extrem hoch. Hier reicht eine kurze, ungewollte, unkontrollierte Bewegung und schon fehlt ein Stück aus der Schneide oder es sind tiefe Kerben an anderer Stelle eingeschliffen. Niedrige Drehzahl ist bei Band und Scheibe extrem wichtig. Bei einem Direktantrieb liegt die Drehzahl bei 1240 Umdrehungen pro Minute. Eine solche Scheibe hat die etwa 15fache Abtragleistung. Hier ist es kaum möglich, die Klinge sauber anzulegen. Die kleinste Fehlhaltung genügt, um den schräg angesetzten oder stärker angepressten Teil wegzuschleifen. Bei einer niedrigtourigen Scheibe ist es dagegen kein Problem, die Klinge mit wenig Druck anzulegen und gegebenenfalls noch zu korrigieren, bevor der Anpressdruck erhöht wird. Erst dann erfolgt ein Materialabtrag. Bei einer etwas abgeschliffenen Korundscheibe funktioniert das noch wesentlich besser als bei einer neuen Schleifauflage. Im Endeffekt ist es sicher günstiger, für den Schärfvorgang drei Minuten anzusetzen, als die Klinge im Bruchteil einer Sekunde zu verderben.

Auch das Abziehen oder Feinläppen kann auf einer Scheibe erfolgen, allerdings wird diese dann nicht mit einem Korundschleifblatt, sondern mit hartem Leder beklebt. Die Oberfläche des Leders wird mit einer Diamantpaste eingerieben. Damit lässt sich sehr lange arbeiten, ehe die Oberfläche abgerieben und erneut mit Diamantpaste eingerieben werden muss.

Kommen wir jetzt zu den manuellen Schleifmethoden. Zum Messerschärfen ist erstaunlich wenig Ausrüstung notwendig, wenn man weiß wie es geht. Für den Notfall, etwa bei der Jagdreise, wo ein schwerer Abziehstein nur stören würde, reichen einige Blätter (ca. 8 x 12 cm) Siliziumkarbid-Nass-Schleifpapier und ein mit Diamantschleifpaste eingeriebenes Stück harten Leders völlig aus.

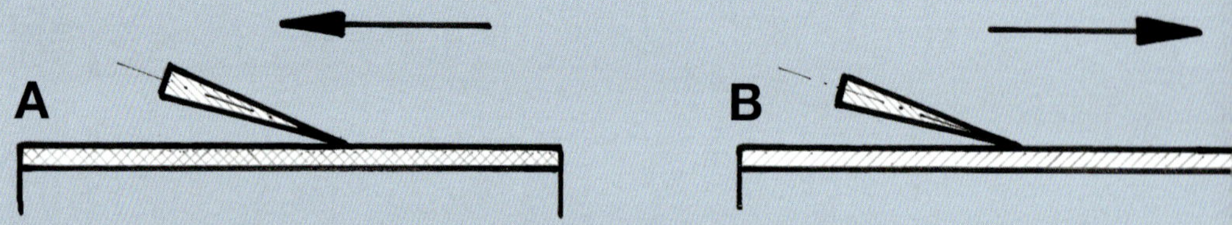

Bei weichen Schleifmittelträgern (A) wird die Klinge immer »von der Schneide weg« nach hinten, bei harten (B) gegen die Schneide nach vorne gezogen.

Das Schleifpapier wird in Wasser getaucht – am besten einige Minuten darin liegen lassen – und dann auf einer glatten Oberfläche aufgelegt und sauber ausgedrückt. Die Unterlage kann ein geeigneter Stein, eine Proviantkiste oder auch ein Gewehrkolben sein. Die Schleifrichtung hängt vom Schleifmittel ab. Bei harten, fest gebundenen Schleifmittelträgern wie Abziehsteinen zieht man gegen die Schneide, Experten können hier auch mit kreisenden Bewegungen arbeiten. Bei weichen Schleifmittelträgern wie Leder, Filz oder losem Schleifpapier wird dagegen immer von der Schneide weg gezogen.

Der Schleifwinkel

Unter dem *Schleifwinkel* versteht man die Gradzahl, mit der die Schneide angeschliffen wird. Einen optimalen Schleifwinkel gibt es nicht und auch hier ist bei einem Gebrauchsmesser immer ein Kompromiss erforderlich. Ob die Klinge nun mit 18 oder 20 Grad angeschliffen wird, spielt in der Praxis auch keine große Rolle. Solche Unterschiede sind beim Arbeiten mit dem Messer gar nicht feststellbar. Es loht also nicht, sich hierüber große Gedanken zu machen. Messer, die für *feine Schneidarbeiten* gedacht sind, werden in einem *spitzeren Winkel* angeschliffen und Klingen, die mehr für die *groben Arbeiten* eingesetzt werden, natürlich mit *stumpferem Winkel.* Hier genaue Gradzahlen anzugeben ist kaum möglich und auch wenig sinnvoll, denn ganz genau einhalten kann diese sowieso niemand. Womit wir bei der großen Problematik des Schleifwinkels beim Nachschärfen einer Messerklinge wären, die es eigentlich so gar nicht gibt.

Nach allgemeiner Auffassung sollte der beim Grundschliff gewählte Schneidwinkel auch beim Nachschärfen peinlich genau eingehalten werden. Die Industrie hat zu diesem Zweck eine Menge netter Vorrichtungen entwickelt, die es dem Benutzer ermöglichen sollen, die Klinge immer im gleichen Winkel über den Stein zu ziehen oder umgekehrt _ die Klinge wird eingespannt und das Schleifwerkzeug bewegt. Diese Geräte haben einen entscheidenden Nachteil: Durch die Reibung der Führungselemente wird das Gefühl für den richtigen Anpressdruck beeinträchtigt. Schleifen ist *eine Sache des Gefühls* und um dieses Gefühl zu entwickeln, muss die Klinge frei geführt werden. Nur so lässt sich fühlen, wie das Schleifmittel zieht und ob mehr oder weniger Druck erforderlich ist. Den Schleifwinkel beim Nachschärfen auf Grad und Minute einzuhalten, ist auch gar nicht nötig und sogar manchmal wenig sinnvoll. Das lässt sich am besten anhand einer Darstellung verdeutlichen. Beim Abziehen wird mit möglichst feinen Schleifmitteln wie *Aluminiumoxidkeramik,* einem *feinen Ölstein* oder *Leder mit Polierpaste* gearbeitet. Soll jetzt wirklich der beim Grundschliff angelegte Schneidwinkel eingehalten werden, müssten die Schneidflanken beidseitig der Spitze vollflächig abgetragen werden, so wie mit den gestrichelten Linien in Abbildung **2** dargestellt. Dies ist mit derartig feinen Schleifmitteln nicht nur äußerst mühselig, sondern meist auch wenig erfolgreich. Wesentlich vernünftiger ist es dagegen, den Winkel geringfügig zu verändern und die Schneidflanken zur Spitze hin beizuziehen, so wie in Abbildung **3** mit gestrichelter Linie dargestellt. Dieser Vorgang lässt sich ohne weiteres mehrfach wiederholen (Abbildung **4**), bis der Schneidwinkel so stumpf geworden ist, dass ein wirkliches Nachschärfen erforderlich ist. Dazu wird jetzt ein gröberes Schleifmittel eingesetzt und die Schneidflanken werden insgesamt beigeschliffen, wie Abbildung **5** zeigt. Ob der nun gewählte Schneidwinkel mit dem vorherigen

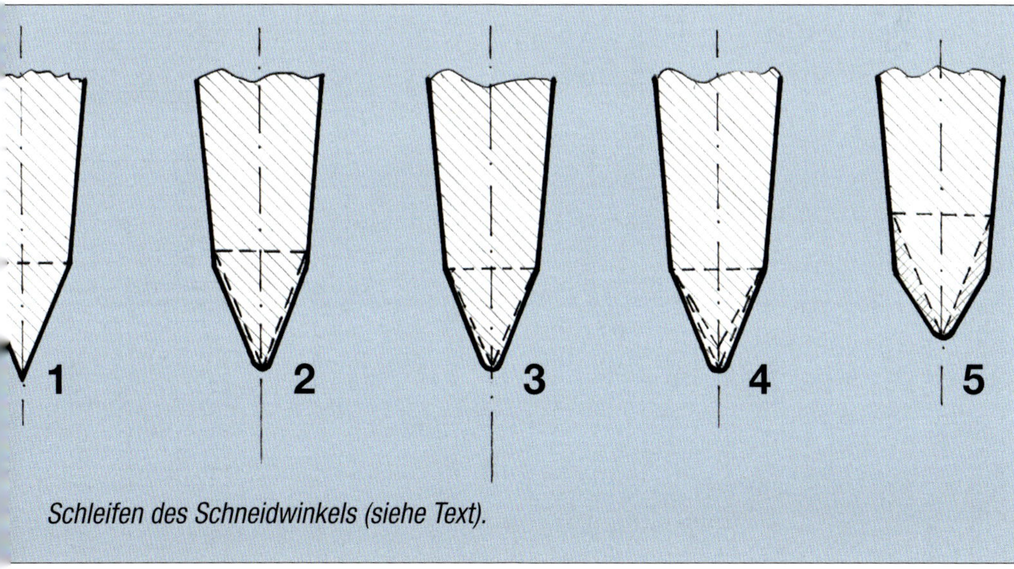

Schleifen des Schneidwinkels (siehe Text).

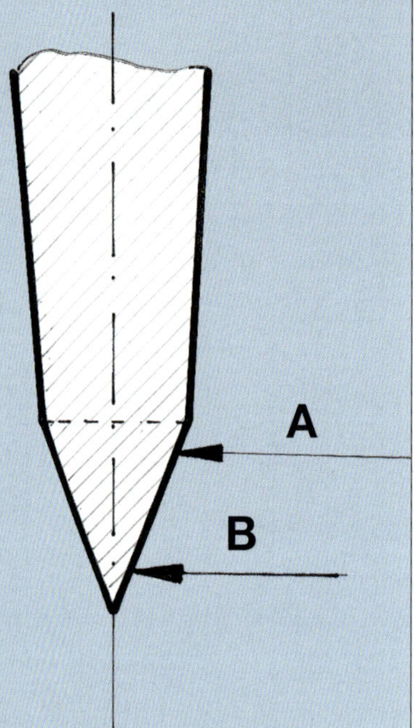

Schneidenwinkelzonen: Beim Feinabziehen sollte der Abrieb in Zone B beginnen.

übereinstimmt, ist nicht wesentlich. An beiden Seiten der Klingen werden die Schneidflanken gleichmäßig beigeschliffen, bis die Klinge zwar scharf, aber noch rau ist. Jetzt beginnt das Abziehen mit dem feinen Schleifstein. Die Schneidflanken werden dabei nicht auf der ganzen Breite gleichmäßig bearbeitet, sondern der Druck zur Spitze hin etwas erhöht. Hilfreich ist es, die Flächen der Schneidflanken *mit einem Filzschreiber zu schwärzen.* So lässt sich leicht kontrollieren, wo der Abrieb erfolgt. Die Schärfe wird mit einem Blatt Papier oder dem Daumennagel kontrolliert. Beim Abtasten der Schneide mit der Daumenkuppe lässt sich zwar die grobe, raue Schärfe gut wahrnehmen, doch wenn die Schneide feiner wird, entsteht schnell der Eindruck, sie wäre nicht mehr scharf. Der zum Schärfen benutzte Stein sollte möglichst groß sein. Alles was in die Jackentasche passt, ist nicht mehr als ein Notbehelf. Der Stein sollte so groß sein, dass die gesamte Schneidlänge in einem Zug bestrichen werden kann. Ist der Stein etwas zu klein, muss in der Vorwärtsbewegung die Klinge kontinuierlich nach hinten weggezogen werden, sodass am Ende die Schneide bis zur Spitze hin über die Schleiffläche gleitet. Das Schwärzen der Schneidflächen ist auch sehr

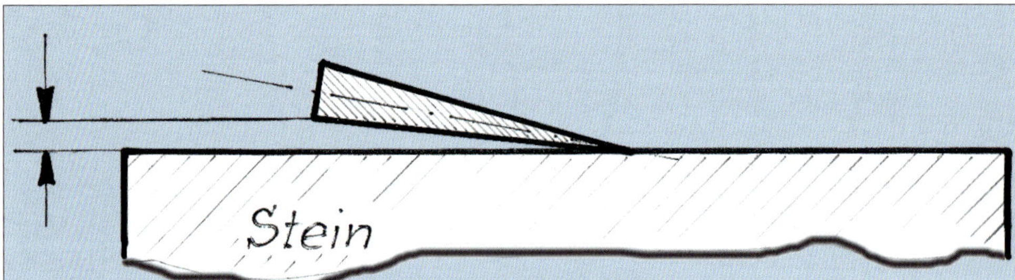

Der Abstand Klingenrücken-Abziehstein und damit der Winkel Klinge-Stein sollte beim Schleifen nicht verändert werden.

hilfreich um festzustellen, ob der gewählte Winkel mit dem ursprünglichen Winkel übereinstimmt. Werden die geschwärzten Schneidflanken über den Schleifstein gezogen, müssen sie auf der gesamten Breite blank sein, dann stimmt der Winkel mit dem ursprünglichen Winkel überein. Erfolgt der Abtrag in *Zone A* ist der Winkel spitzer, ist *Zone B* blank und *A* noch schwarz, fällt der Winkel stumpfer aus. Beim Feinabziehen sollte der Abrieb in *Zone B* beginnen. Sollte die optimale Schärfe bereits erreicht sein, obgleich ein schmaler Streifen in *Zone A* noch Farbspuren zeigt, ist dies auch kein Fehler. Wichtig ist, dass die gewählte Neigung der Klinge zum Stein möglichst gleich bleibt und eingehalten wird. Dazu gehören Erfahrung und Übung. Wer seine Messer selbst schärfen will, sollte an alten und billigen Klingen üben, um das richtige Gefühl zu entwickeln. Erst wer es wirklich »im Handgelenk« hat und über die Gewissheit verfügt, den Umgang mit dem Schleifstein zu beherrschen, sollte wertvolle Messer selbst nachschleifen. Gleichmäßigkeit ist das Zauberwort, welches beim Schärfen zum Erfolg führt. Oft lässt es sich beobachten, dass mit der Schneide in Längsrichtung am Stein gescheuert wird. Das bringt gar nichts. Wirksame Schärfbewegungen laufen *immer quer zu Schneide,* nicht an ihr entlang. Beim Arbeiten, gleich ob nun gegen die Schneide oder von der Schneide weg gezogen wird, führt die Arbeitshand am Griff des Messers und die Finger der anderen Hand liegen unterstützend und stabilisierend auf der Klinge. Die zweite Hand ist für ein gleichmäßiges, sauberes Ziehen äußerst wichtig. Die Neigung der Klinge zum Stein sollte sich beim Arbeitsbeginn einprägen. Dazu wird der Abstand des Klingenrückens zum Stein als Maßstab genommen. Wird der Winkel anhand der geschwärzten Flanken überprüft, geschieht dies nach den ersten zwei oder drei Zügen. Diese Kontrolle ist ohne Änderung der Handlage nicht möglich und anschließend muss die Arbeitshand den Messergriff genau gleich umfassen, damit die Neigung der Klinge zum Stein nicht verändert wird. Die richtige Position darf dabei keinesfalls durch Verdrehen des Handgelenkes erreicht werden. Nur wenn die richtige Position *ohne Verdrehen des Handgelenks* eingenommen wird, ist ein gleichmäßiges Arbeiten möglich. Der Schleifvorgang sollte ohne weitere Unterbrechungen so lange fortgesetzt werden, bis genügend Material an den Schneidflanken abgetragen wurde. Der Schleifstein muss bei dieser Arbeitsweise natürlich befestigt sein, er darf auch bei kräftigem Schleifdruck nicht verrutschen. Wer mit einer Hand die Klinge führt und mit der anderen den Stein hält, wird kaum zu einem brauchbaren Ergebnis kommen.

Eine *Halterung für den Schleifstein* lässt sich leicht aus einem Brett und ein paar Leisten herstellen. Mit den Leisten wird auf dem Brett ein Rahmen gebastelt, in den der Schleifstein spielfrei passt und dann kann die Halterung leicht mittels Schraubzwingen auf der Arbeitsplatte befestigt werden. Das Brett sollte so lang sein, dass die Schraubzwingen reichlich außerhalb des Arbeitsbereiches gespannt werden können. Nichts darf den Arbeitsablauf beim Schärfen stören. Die Notwendigkeit der Befestigung besteht sowohl für die Grob- als auch für die Feinschleifmittel. Wichtig ist, dass *beide Hände* zum Führen der Klinge frei sind.

Schleifmittel

Schleifmittel stehen mittlerweile in großer Auswahl zur Verfügung, weshalb es beim Kauf einiges zu beachten gilt. *Kunststeine* mit relativ weicher Bindung haben meist eine höhere Abtragleistung als harte *Natursteine.* Beim Feinabziehen, wo kaum noch Material abgetragen wird, fällt dies weniger ins Gewicht als beim Grobschleifen. Steine mit weicher Bindung sind zwar »schneller«, haben aber den Nachteil, dass sie durch Gebrauch auch rascher uneben werden und abgerichtet werden müssen. Dies gilt für alle Steine, sie müssen grundsätzlich eben sein. Auf einem unebenen Stein lässt sich keine einwandfreie Schneide erzielen. Die Oberfläche der Steine sollte von Zeit zu Zeit abgezogen werden, auch wenn sie noch eben ist, da sie zuschmiert und stumpf wird.

Einen Schleifstein fachgerecht abziehen, ist nicht gerade einfach und erfordert genau wie das Schleifen der Klinge Gefühl und Sachkenntnis. Ein Schleifstein lässt sich mit einem Bogen Nass-Schleifpapier mit Siliziumbeschichtung der Körnung 80 oder 100 bearbeiten. Das Nass-Schleifpapier wird auf eine Glasplatte gelegt und der Stein mit kreisenden Bewegungen abgeschliffen, wobei reichlich Wasser benutzt wird. Die Körnung wird schnell stumpf und das Nass-Schleifpapier muss mehrmals gewechselt werden. Bei einem feinen Abziehstein wird mit feinerem Nassschleifpapier nachgeschliffen, sobald die Oberfläche glatt und sauber ist. Bedeutend einfacher lässt sich ein Keramikschleifstein mittels eines *diamantbeschichteten Schleifsteins* abziehen. Auch hier muss ständig reichlich Wasser zwischen die beiden Steine gelangen.

Diamantbeschichtete Schleifblöcke lassen sich vielseitig einsetzen, sie eignen sich für Klingenstahl, Hartmetall, Glas und Abziehsteine wie für Keramikklingen. Die Lebensdauer ist sehr hoch und die Anschaffung dürfte eine lohnende Investition in die Zukunft sein. Mit diamantbeschichteten Schleifblöcken kann sowohl trocken als auch nass geschliffen werden. Öl sollte keinesfalls verwendet werden: Es schmiert die Zwischenräume zu und die Wirksamkeit des Belages verringert sich in Folge merklich. Diamantbeschichtete Schleifblöcke sind natürlich sehr teuer, doch in ihrer Effektivität her durch nichts zu überbieten. Die Abtragleistung des Diamantbelages ist wesentlich höher als bei einem normalen Schleifstein.

Zum *Feinabziehen* eignet sich ein *mittelharter Ölstein* sehr gut. Damit kann sowohl einfach gegen die Schneide gezogen als auch mit kreisenden Bewegungen gearbeitet werden. Wichtig ist zu spüren, dass der Stein greift. Die Klinge darf nicht wie auf Schmierseife über den Stein rutschen. Ist der Stein rutschig, wurde entweder das falsche Öl benutzt oder die Oberfläche des Steines schmierte zu. Je feiner die Schneide wird, umso geringer sollte der Anpressdruck sein.

Auch *hartes Leder mit Diamantpaste* ist ein gutes Mittel zum Feinabziehen. Es darf aber nur von der Schneide weg und mit ziehenden Bewegungen gearbeitet werden. Eine glatte Oberfläche aus *Birnbaumholz,* bestrichen mit Diamantpaste, kann ebenfalls zum Feinabziehen eingesetzt werden. Birnbaum hat eine gleichmäßige, dichte Faser und ist für diese Arbeit wie geschaffen. Doch auch auf dem Holzklotz sollte nur von der Schneide weg gearbeitet werden. Die Körnung der Diamantpaste kann 16u oder gar 30u betragen, womit sich auf Leder oder Holz sehr scharfe Schneiden schaffen lassen.

Auch runde, schräg in ein Holzbrett gesteckte *Aluminiumoxydstäbe*, wie sie verschiedene Firmen anbieten, lassen sich zum Feinabziehen benutzen. Ebene Flächen von Holz oder Leder eignen sich aber besser und ergeben schärfere Schneiden. Mit Aluminiumoxydstäben lässt es sich aber sehr leicht arbeiten und das Ergebnis ist durchaus akzeptabel. Welches Schleifmittel bevorzugt wird, ist letztendlich eine Frage der Erfahrung und des Geschicks.

Abschließend soll noch eine sehr wirkungsvolle Schleifmethode vorgestellt werden, die wahrscheinlich in diesem Buch erstmals beschrieben wird. Benötigt hierzu wird ein feiner, lunkerfreier *Grauguss-Block* mit den ungefähren Abmessungen 250 x 50 x 15 mm und planer, feingeschliffener Oberfläche. Die glatte Fläche wird mit Diamantpaste Körnung 40 My eingerieben, am besten mit dem Finger. Zur besseren Verteilung kann etwas Schleiföl mit aufgetupft werden. Dann wird die aufgetragene Schleifpaste mit einem Stück Flachstahl oder einer alten Messerklinge mit kreisenden Bewegungen in die Graugussoberfläche gerieben. Die Diamantkörnung setzt sich jetzt im Grauguss fest. So versiegelt, lässt sie sich später auch mit einer gehärteten Messerklinge kaum noch beschädigen. Die durch das Abziehen immer dicker werdende Paste kann später durch Auftupfen von geringen Mengen Schleiföl wieder aktiviert werden.

Zum Schärfen wird die Messerklinge im gewünschten Winkel angesetzt, wobei eine Hand am Griff und die Finger der anderen Hand stabilisierend auf der Klinge liegen. Gearbeitet wird mit kreisenden Bewegungen, wobei die Klinge langsam von einem Ende des Schleifblockes zum anderen bewegt wird. Die kreisende Bewegung hat den Vorteil, dass die Klinge über einen längeren Zeitraum ohne Veränderung von Winkel und Anpressdruck bearbeitet werden kann. Wer

Aluminiumoxydstäbe eignen sich gut zum Feinabziehen.

lieber mit ziehenden Bewegungen arbeitet, sollte eine größere Schleifblocklänge wählen. Wenn nach längerer Arbeit der Anteil des Stahlabriebes so hoch ist, dass die Diamantpaste ihre Wirkung verliert, wird sie einfach mit einem Lappen weggewischt und durch eine geringe Menge neuer Diamantpaste und Schleiföl ersetzt. Bei einem gut eingearbeitetem Block reicht es meist die Oberfläche von Zeit zu Zeit mit etwas Öl zu betupfen. Diamantpaste sollte sehr sparsam aufgetragen werden. Diamantpaste auf Grauguss hinterlässt keine so tiefen Riefen wie die bei fest gebundenen Diamantkristallen oft der Fall ist.

Wenn auf diese Weise genügend Material von der Schneide abgetragen wurde, kann der Feinschliff beginnen. Dazu wird der Graugussblock durch einen *Plexiglasblock* ersetzt. Experten können auch Holz oder hartes Leder verwenden. Nun wird Diamantpaste mit einer Körnung von 10 My benutzt. Da es sich um einen weichen Schleifmittelträger handelt, kann nicht mehr mit kreisenden Bewegungen gearbeitet werden und schon gar nicht mit einer gegen die Schneide ziehenden Bewegung. Jetzt muss die Klinge mit geringem Druck von der Schneide weggezogen werden, bis die optimale Schärfe erreicht ist. Ein gelegentliches Abwischen des Schleifblockes und erneutes Auftragen von Diamantpaste ist erforderlich. Bei Holz und Leder sollte jedoch *kein Öl* zum Einsatz kommen.

Hochwertige Messer wie dieses sollte nur schärfen, wer es auch beherrscht.

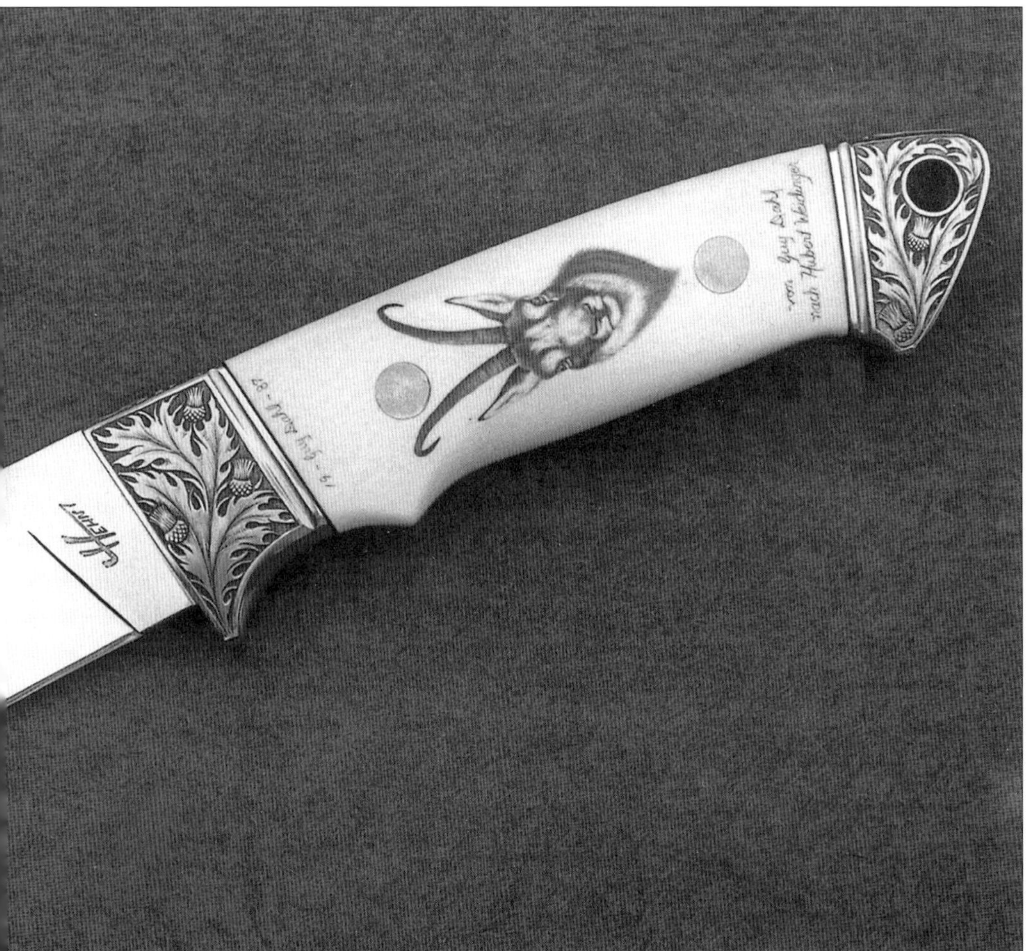

Dadurch steigt natürlich der Verbrauch der teuren Diamantpaste, aber so lässt sich eine wirklich feine, rasiermesserscharfe Schneide erzielen. Ob dies für ein Gebrauchsmesser wirklich erforderlich ist, sei dahingestellt.

Zusammenfassung: Wer sich entschließt, seine Messer selbst zu schärfen, braucht dazu nicht nur die nötige Ausrüstung, sondern auch Übung, Geduld und eine wenig Neigung, um wirklich gute Ergebnisse zu erzielen. Für die groben Arbeiten ist ein Schleifblock mit Diamantbelag sicher die beste Wahl. Ob beim Feinabziehen ein feiner Ölstein, Leder bwz. Holz mit Diamantpaste oder Aluminiumoxydstäbe bevorzugt werden, sollte jeder Messerbesitzer selbst herausfinden. Ein Messer professionell zu schärfen ist nicht leicht und verlangt Erfahrung, die man nur durch viel Praxis erwirbt. Es sollte sich also jeder gut überlegen, ob er damit anfangen will und gutes Geld in die erforderlichen Werkzeuge investiert. Einfacher und oft auch besser ist es sicher, das Messer einem Profi zum Nachschärfen zu überlassen. Die beste Wahl bei einem *Custom Knife* ist dabei sicher der Messermacher, der es anfertigte. Wird ein Messer anderweitig zum Nachschärfen gegeben, sollte genau festgelegt werden, wie das Messer geschärft werden soll. Sonst kann es passieren, dass aus der Klinge eines schweren Jagdmessers plötzlich eine dünne Metzgerklinge wird, weil der beauftragte Handwerker, der sich sonst nur um Haushaltsmesser kümmert, mit extrem groben Mitteln die Klinge viel zu dünn ausschliff. Wertvolle Messer sollten nur in die Hand eines Fachmanns gegeben werden. Schon viele gute Messer wurden durch falsches Schleifen verdorben – was einmal weggeschliffen wurde, ist für immer verloren.

Messerscheiden

Messer mit feststehender Klinge, die nicht nur in Vitrinen liegen sollen, benötigen praktischerweise eine Scheide zum Tragen. Die Scheide ist praktisch so alt wie das Messer selbst und entwickelte auch eine eigenständige kulturgeschichtliche Bedeutung. Sichtbar am Gürtel getragen war sie oft Statussymbol und wandelte sich im Lauf der Jahrhunderte in vielen Kulturkreisen vom reinen Gebrauchsobjekt zum Kunst- oder gar Kultgegenstand. Ebenso wie es charakteristische Messertypen gibt, finden sich auch landes- oder kulturtypische Scheidenformen. Dies bezieht sich hauptsächlich auf Scheiden für feststehende Messer. Doch auch Klappmesser sollten nicht einfach so in die Hosentasche gesteckt werden. Nicht nur, dass scharfe Kanten eventuell das Taschenfutter beschädigen können, sondern auch um zu verhindern, dass die Mechanik verschmutzt. Flusen und Staub aus der Hosentasche haben die unangenehme Angewohnheit, sich wie »magnetisch« angezogen in kleinsten Zwischenräumen und Öffnungen festzusetzen. Kleinere Taschenmesser werden daher in Mäppchen oder Hüllen aus Leder, Cordura oder Stoff untergebracht. Größere Klappmesser mit entsprechendem Gewicht lassen sich am besten in Gürteltaschen verstauen. Auch hier kommen die verschiedensten Materialien zur Anwendung. Hinsichtlich der Ausführung dieser Täschchen ist der persönliche Geschmack entscheidend. Es gibt Taschen, die kleine Kunstwerke sind. Wichtiger ist jedoch, dass ihre Befestigung am Gürtel und der Verschluss einen Verlust des Messers zuverlässig verhindern.

Scheiden für feststehende Messer

Bei Gebrauchsmessern mit feststehender Klinge sieht die Sache etwas anders aus. Scheiden dienen in erster Linie dem Schutz des Trägers vor der Schneide und Spitze. Dieser Schutz muss so zuverlässig wie möglich sein, denn ein am Körper

Kunststoffscheiden (links) finden sich nur bei industriell gefertigten Messern; der Messermacher schwört nach wie vor auf gutes Leder.

getragenes Messer kann in ungünstigen Situationen, etwa einem Sturz, für seinen Träger sehr gefährlich werden. Deshalb müssen die Qualität des Materials und der Aufbau der Scheide stimmen und *echten Schutz* bieten.

Als Werkstoff für Scheiden hat sich in erster Linie hochwertiges, festes Leder bewährt. Moderne Kunststoffe, etwa Hytrel oder *High-Tech*-Materialien wie Cordura, werden zwar vermehrt eingesetzt, aber mehr im Bereich der industriellen Fertigung und nicht vom Messermacher. Um den sehr formbaren und beständigen Kunststoff Hytrel zu verarbeiten, ist eine umfangreiche Anlage mit Spritzvorrichtungen erforderlich, die sich nur bei entsprechenden Stückzahlen lohnt. Für Einzelstücke, wie sie der Messermacher baut, kommt eine Hytrel-Scheide daher so gut wie nie in Betracht. Hinzu tritt der optische Aspekt. So funktionell und pflegeleicht eine Kunststoffscheide auch sein mag, im Aussehen kann sie sich nie mit Leder messen. Für hochwertige Messer sind und bleiben Lederscheiden die erste Wahl.

Das Leder sollte fest, fast hart, sehr dicht und mindestens 2,5 mm dick, die Innenseite feinfaserig, dicht und trocken sein. Eine mit Fett oder Appretur beschichtete Innenseite hat den Nachteil, dass sich Staub- oder Sandkörnchen an der Oberfläche festsetzen und Kratzer an Klinge und Griffteilen verursachen.

Ledersorten gibt es fast wie Sand an Meer, unterteilt nach Tierarten und Gerbverfahren. Gerben konserviert die Tierhaut. Grundsätzlich lassen sich fast alle Häute gerben, doch nur wenige Tiere liefern die Haut für wirklich gutes Gebrauchsleder, als da sind Rinder, Ziegen, Schafe, Hirsche, Pferde, Elche und Wasserbüffel. Exotenleder, wie etwa die Haut von Schlangen, Leguanen, Ochsenfröschen, Krokodilen und vielen anderen Tieren lassen sich nur als Innenfutter oder für Zierapplikationen verwenden. Auch von Fischen kommt hochwertiges Leder, das schon im Mittelalter als Außenmaterial von Scheiden und als Griffwicklung für Schwerter eingesetzt wurde. Haifisch- und Rochenhaut eignen sich hierfür besonders gut.

Es gibt verschiedene Gerbverfahren. Während Pelze mit Alaun gegerbt werden, unterzieht man dickere Gebrauchsleder oft einer Chrom-Gerbung. Chromleder ist besonders witterungsunempfindlich und zäh. Erkennen lässt es sich leicht, da es nicht vollständig durchgefärbt ist. Chromleder wird erst später gefärbt und der Farbstoff ist nicht wie beim Anilinleder Bestandteil der Gerblauge. An der Schnittkanten lässt sich Chromleder daher gut an der helleren Mitte erkennen. Pflanzlich gegerbte Leder sind dagegen durchgehend gefärbt. Blankleder wird zunächst naturbelassen und erst später mit Anilinfarben eingefärbt. Das teuerste und hochwertigste Leder ist das so genannte *lohgare Leder*, das mit Eichenrindenextrakt gegerbt wird. Lohgares Leder muss in mit diesem Extrakt gefüllten Behältnissen, früher Gruben, über einen längeren Zeitraum – oft bis zu einem Jahr – reifen. Der Gerbprozess ist sehr aufwändig und teuer, doch das Ergebnis spricht für sich: Lohgares Leder ist extrem hart, halt- und beanspruchbar.

Als bestes Grundmaterial für Messerscheiden gilt immer noch vegetabil gegerbtes Rindleder. Auch Pferdeleder eignet sich gut, ist aber nur schwer zu bekommen und teuer. Der Preis des Leders hängt vom Gerbverfahren, der Tierart und vom Stück ab, denn die Teile einer Haut werden unterschiedlich bewertet. Die Flanken und das Schwanzstück sind am preiswertesten, während der so genannte *Croupon*, das Mittelstück vom Widerrist bis zur Kruppe, als wertvollster Teil der Haut gilt. Hier ist das Leder besonders gleichmäßig und fest. Von sehr guter Qualität und Dicke ist der Hals. Er weist zwar viele Falten auf, doch diese ergeben oft eine wunderschöne Struktur. Für Messerscheiden findet sich hier eigentlich das beste Leder und der Preis ist wesentlich günstiger als beim Croupon.

Dünne Kalbs- oder Schweinsleder eignen sich nur als Innenfutter oder für Applikationen.

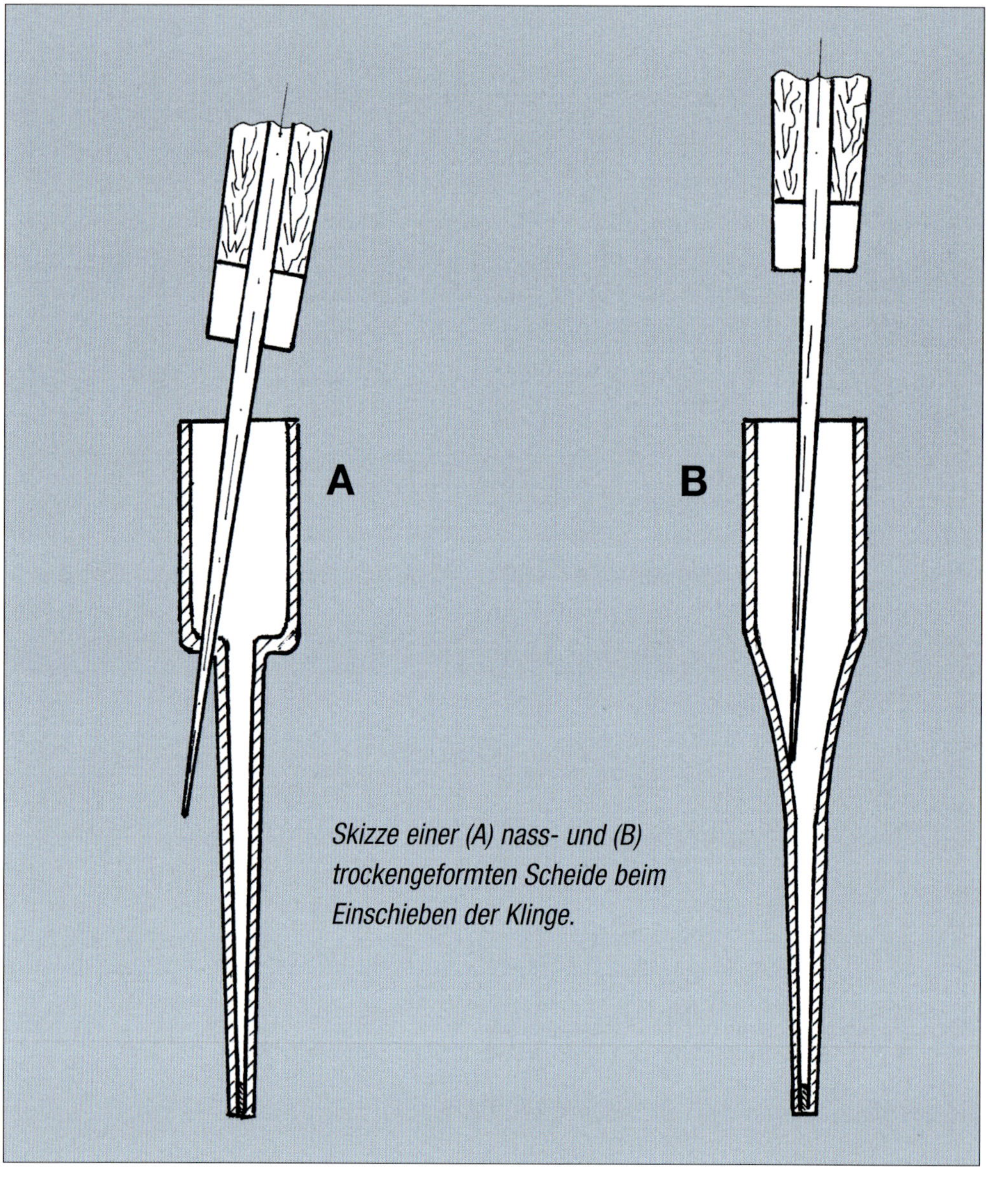

Skizze einer (A) nass- und (B) trockengeformten Scheide beim Einschieben der Klinge.

Nass oder trocken?

Im Allgemeinen werden nass geformte Lederscheiden als das Optimum angesehen. Doch diese Technik birgt bei näherer Betrachtung einige gravierende Nachteile in sich. Beim Nässen des Leders wird Restgerbsäure aktiviert, die beim Anpassen Metallteilen angreifen oder Griffschalen verfärben kann. Dies lässt sich freilich mit einem dem Messer entsprechenden Form-Modell vermeiden, doch die Anfertigung eines Modells lohnt sich erst bei einer Serienfertigung oder zumindest einer Kleinserie. Außerdem können beim Nassformen schnell Fehler gemacht werden. Wird etwa die Scheide seitlich des Handschutzes zu genau angepasst, führt die geringste Unaufmerksamkeit beim Einschieben des Messers in die Scheide dazu, dass die Spitze der Klinge auf die Einbuchtung stößt und diese durchsticht. Bei einem Messer, das wirklich scharf ist, reicht hier der geringste Druck. Ist das einmal geschehen, ist die Scheide unbrauchbar, denn die Klingenspitze findet garantiert immer wieder diesen Weg. Bei trocken geformten Scheiden aus gutem Leder sind solche Einbuchtungen nicht möglich, sodass die Klingenspitze nur schräg ableitende Flächen vorfindet und sich kaum im Leder »festbeißen« kann. Theoretisch können solche schrägen Flächen auch bei der Nassformung entstehen, doch wozu sollte man überhaupt noch nass formen?

Aufbau der Lederscheide

Der wichtigste Teil einer Scheide ist der Keil zwischen den Lederflanken. Er schützt die Naht vor dem Durchtrennen durch die scharfe Klinge. Wird die Scheide ohne diesen Keil zusammengenäht, so führen die Lederflanken die Schneide unweigerlich direkt zur Naht. Das ließe sich natürlich durch Metallnieten oder Draht in der Naht verhindern, wie man es oft bei billiger Massenware findet, aber wer möchte schon die feine Schneide eines hochwertigen Messers dauernd über Metall ziehen?

Dem Keil obliegt noch eine weitere Aufgabe. Bei der klassischen Klingenform mit fallender Spitze kann er auch technisch zur Sicherung des Messers genutzt

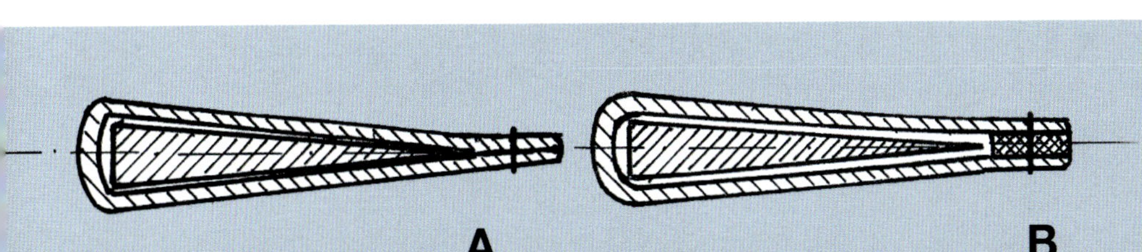

Schnitt durch eine Scheide ohne (A) und mit Keil (B).

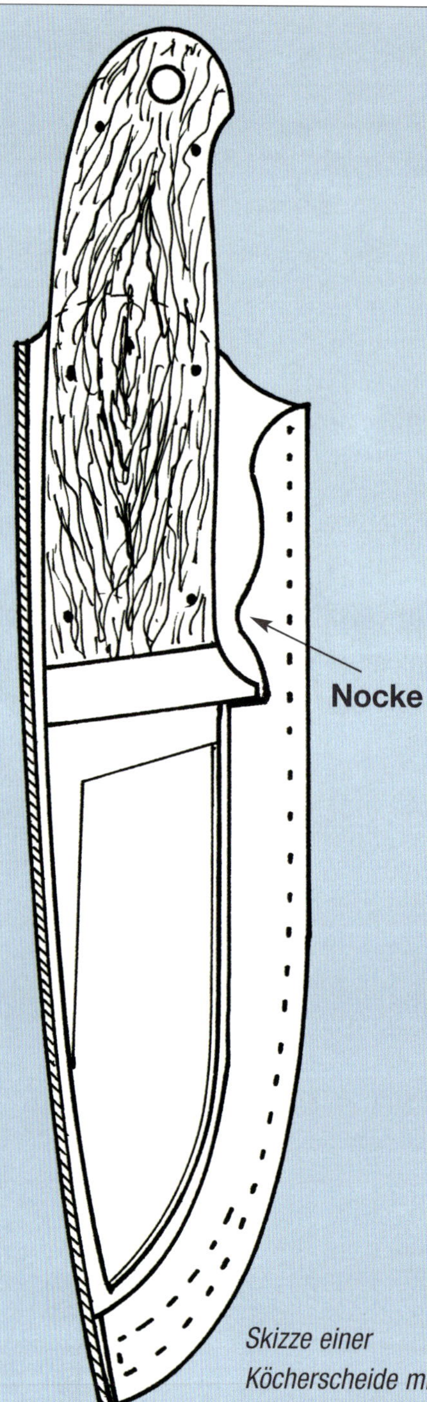

Skizze einer Köcherscheide mit Sicherungsnocke am Keil.

werden, indem eine Auflage für den Handschutz ausgearbeitet wird, die verhindert, dass das Messer tiefer als nötig in die Scheide gedrückt wird und die Spitze das Leder durchstößt. Eine darüber angeordnete Nocke verhindert das Herausfallen aus der Scheide. Der Handschutz muss dann lediglich mit einigem Druck über diese Nocke geschoben werden. Ein zusätzlicher Sicherungsriemen ist überflüssig. Dieses Sicherungssystem lässt sich aber nur bei Messern mit fallender Spitze verwenden. Bei Messern mit hochgezogener Spitze, so genannten *Skinnern,* würde die Klingenspitze zu stark gegen den Scheidenrücken gedrückt und diesen mit Sicherheit durchstechen. Für diesen Messertyp kommt daher nur eine Scheide in Frage, bei der die Klinge ohne großen Widerstand und Druck eingeführt werden kann. Die Sicherung erfolgt dann über eine Überwurflasche mit Druckknopf. Das gilt auch für größere Messer mit doppelseitigem Handschutz. Wollte man hier die Sicherung über Nocken im Keil vornehmen, so würde die Scheide überdimensional breit werden.

Auf das Leder kommt es an

Die Beschaffung geeigneten Leders ist heute nicht mehr so einfach wie früher. Leder, das garantiert von schweizer Almrindern stammt, ist

Gebrauchsmesser in der Köcherscheide versorgt.

nur begrenzt verfügbar. Dies mag auch daran liegen, dass viele kleine Gerbereien, die sich auf die eine oder andere Ledersorte spezialisiert hatten, zwischenzeitlich verschwunden sind.

Die Auswahl ist eine schwierige Sache. Dank der aufgebrachten Appretur sehen die Lederhälse auch auf der Rückseite schön glatt aus. Fährt man mit dem Fingernagel aber mal kräftig darüber, dann stehen die langfaserigen Flanken hoch. Um geeignete Häute zu finden, ist es daher oft notwendig, einen ganzen Tag im Lager zu verbringen und 200 bis 300 Häute umzuschichten, um letztlich 20 für den speziellen Zweck brauchbare zu finden. Mit ungeeignetem Leder geht es dem Scheidenbauer wie der Köchin, welcher der Braten in der Pfanne zusammenschrumpft.

Nadel und Faden

Es gibt sicher verschiedene Methoden, eine Lederscheide zusammenzunähen und jede hat ihre Vor- und Nachteile. Unterschiedlich kann die Art der Naht oder des verwendeten Fadens sein. Betrachten wir die klassische Nähtechnik vieler Scheidenbauer, die sich seit vielen Jahren bewährt hat:

Die Lederscheide wird zunächst auf Maß geschnitten, der Lederkeil angepasst und dann das Ganze erst einmal zusammengeklebt. Dies erleichtert die Näharbeit ungemein und nichts kann sich mehr verschieben.

Anschließend wird die Naht vorgestochen und zwar mit einer prismatischen Ahle. Der Stich wird dabei so gesetzt, dass die Spitzen des Prismas schräg zur Naht stehen. Dies hat zwei Vorteile: Erstens liegt der Faden immer schräg zur Naht, sodass diese einheitlich sauber wirkt. Bei rund gestochenen Löchern liegt der Faden parallel zur Naht und die kleinste Abweichung lässt die Naht unsauber und unregelmäßig erscheinen. Zweitens verhindern die schräg gesetzten Stiche ein Durchschneiden des Leders durch den straff angezogenen Faden. Um die Lederteile fest zu verbinden, ist ein wirklich straffes Anziehen des Fadens unumgänglich und auch notwendig, damit sich der Faden in die Lederscheide hineinzieht. Wird die Naht anschließend *gehämmert*, schließen sich die vorgestochenen Löcher fast vollständig und klemmen den Faden fest. Er verschwindet fast vollständig in der Lederoberfläche. Bei sehr hartem Leder hilft leichtes Anfeuchten der Oberfläche.

Fäden gibt es fast wie Sand am Meer. Moderne Kunststoff-Fäden weisen im Vergleich mit Naturmaterial sicher eine höhere Zugfestigkeit auf. Trotzdem verwenden Messer- und Scheidenmacher überwiegend *gepichten Hanffaden*. Der gepichte Faden stellt sicher, dass die Naht bei Nachlassen des Zuges nicht wieder aufspringt. Kunststoff-Fäden keilen sich dagegen beim Nähen nicht fest, sondern können über mehrere Stiche hinweg aufspringen. Einen zu dünner Faden hat wenig Sinn, denn einmal ist er weniger stabil und zum anderen kann eine sauber gefertigte Naht durchaus dekorativ wirken und braucht sich nicht zu verstecken. Genäht wird mit zwei Nadeln, die immer gegenläufig durch das vorgestochene Loch gezogen werden.

Die Frage, ob die Naht versenkt angelegt sein sollte oder nicht, ist nicht einfach zu beantworten. Durch den Einschnitt in der Lederoberfläche legt sich der Faden immer gerade in den Schnitt und ist gut vor Durchscheuern geschützt. Allerdings schwächt der Schnitt dabei den Lederquerschnitt, was wiederum nachteilig sein kann. Bei der zuvor beschriebenen Nähtechnik verschwindet der Faden auch ohne Einschnitt fast ganz im Leder, sodass ein Durchscheuern nahezu ausgeschlossen ist.

Das zweite klassische Verfahren ist das Nähen mit Ober- und Unterfaden, ähnlich wie bei einer Nähmaschine. Der Oberfaden wird mit einer Hakennadel schlaufenförmig durch das Leder gezogen und der Unterfaden dann durch diese Schlaufe geführt. Anschließend wird der Stich an beiden Enden festgezogen.

Wichtig für die Beständigkeit einer Naht ist der Anfang und das Ende. Hier muss sichergestellt werden, dass sich nichts lösen kann. Begonnen wird vorteilhaft mit einem Doppelstich, das heißt, der Faden wird zweimal durchgezogen. Am Ende kann drei bis vier Stiche rückwärts genäht werden, sodass auch hier der Faden doppelt liegt. Man kann den Faden am Ende aber auch verknoten, wobei der Knoten in das vorgestochene Loch hineingezogen werden sollte.

Pflege

Eine Lederscheide bedarf etwas Pflege, damit sie ihr schönes Aussehen und den Oberflächenschutz behält. Ölen sollte man eine Messerscheide aber auf keinen Fall, denn dadurch kann das Leder aufweichen und seine Schutzfunktion verlieren. Besser ist es, die Scheide mit einer guten Schuhcreme einzureiben. Kurz einziehen lassen, Abreiben, fertig. Dadurch wird die Oberfläche geschützt, das Leder behält seine Festigkeit und glänzt wieder wie neu.

Kampfmesser

Kampfmesser wurden ursprünglich dafür gebaut, einen Gegner mit Hieben, Stichen oder Schnitten außer Gefecht zu setzen. Der bekannteste Vertreter ist der Dolch, der über Jahrtausende die wichtigste militärische Nahkampfwaffe darstellte. Hatte der Kampfdolch der römischen Legionen (*pugio*) noch ein sehr breites Blatt, bevorzugten die Kämpfer des Mittelalters dünne, nadelspitz zulaufende Stoßklingen (*Gnadgott*), um durch Kettengeflecht oder klaffende Harnischteile dringen zu können. Je nach Land und Kulturkreis bildeten sich im Laufe der Zeit spezielle Formen heraus; man denke etwa an das italienische Stilett, dessen Nadelklinge einen drei- oder viereckigem Querschnitt aufwies; den japanischen *Tanto* mit seiner einseitig geschliffenen, schweren Hiebklinge und der charakteristisch abgesetzten Klingenspitze; oder an das schottische Dolchmesserchen *Sgian Dubh,* das die Hochländer verdeckt im aufgerollten Wadenteil ihrer Wollstrümpfe trugen.

Als die Feuerwaffen die Blankwaffen verdrängten, wurde es auch stiller um Dolche und Kampfmesser, bis sie in den Grabenkämpfen des I. Weltkrieges neu entdeckt wurden. Beim Nahkampf in engen Sappen und Unterständen erwiesen sich Gewehre und Bajonette als zu unhandlich; Pistole, Handgranate und Grabendolch traten an ihre Stelle. Da zunächst keine Armee über Dolche und Kampfmesser verfügte, übernahmen Jagdnicker und Fahrtenmesser vorerst deren Rolle; ja selbst ungeschlachte Improvisationen aus Pfosten von Stacheldrahtverhaue wie der *französische Nagel* – ein zugeschliffenes Stück Rundstahl mit umgebogenem Griff – mussten herhalten.

Militärische Kampfmesser einst und jetzt: Links ein österreichisches Grabenmesser und ein deutscher Grabendolch des I. Weltkriegs, rechts ein Glock-Feldmesser 78 mit Sägerücken.

Auch während des II. Weltkrieges statteten die meisten Streitkräfte ihre Truppen bzw. bestimmte Truppenteile mit Kampfmessern aus. Eines der bekanntesten Beispiele ist der von den englischen Hauptleuten Fairbairn und Sykes entwickelte gleichnamige Kommandodolch mit beidseitig geschliffener, dünner Klinge und rundem Griff. Das Modell *Warrior* des Amerikaners John Ek hatte dagegen eine wesentlich dickere Klingenspitze. Für alltägliche Arbeiten waren diese Art Kampfmesser aber nicht brauchbar. Viele GI`s legten sich daher auf eigene Kosten Messer zu, die vielseitig einsetzbar waren, wie etwa die Modelle vom Messermacher Walter Bo Randall aus Florida. Als Wegbereiter der modernen Militärmesser kann wohl das mit einem Lederscheibengriff und Bowieklinge ausgestattete Messer von *Ka-Bar* aus Cleveland angesehen werden. Zahlreiche Armeen folgten diesem Vorbild und führten ähnliche Messer ein. Nicht vergessen werden dürfen in diesem Zusammenhang die Kampfmesser der Wehrmacht, wie etwa das *Infanteriemesser 42.* Mit Holz oder Bakelitgriffen aus-

gestattet und von verschiedenen Herstellern (darunter Puma) gefertigt, bestachen diese nur an der Spitze beidseitig zugeschliffenen, vielseitig einsetzbaren Messer durch ihr geringes Gewicht, ihre Ausgewogenheit und Handlichkeit.

Moderne Militärmesser, wie etwa das *Feldmesser 78* der österreichischen Firma Glock, sind nicht mehr in erster Linie für eine Kampfrolle im klassischen Sinne ausgelegt, sondern eher als Werkzeug.

Eine genaue Abgrenzung zwischen Kampf- und Gebrauchsmessern ist generell kaum möglich, denn in der Praxis kann ein Metzger-, Haushalts- oder Jagdmesser eine ebenso gefährliche – vielleich sogar noch gefährlichere – Waffe sein wie ein nur für diesen Zweck geschaffenes Kampfmesser. Selbst Werkzeuge wie Schraubendreher, Dreikantfeilen, Beile, Hämmer, Spaten oder Mistgabeln können gesundheitsgefährdend eingesetzt werden. Die Gefahr geht jedoch nie von den Gegenständen an sich aus, sondern von den Menschen, die sie gebrauchen oder missbrauchen. Wie äußerte der ehemalige US-Präsident Ronald Reagan doch einmal treffend: »Nicht Waffen, Menschen töten!« Aggression gehört zu den angeborenen und unabänderlichen Arterhaltungstrieben. Diese Triebe werden lediglich von ritualisierten Verhaltensweisen gezügelt. Je mehr wir dazu neigen, diese entwicklungsgeschichtlichen Gebote zu ignorieren oder ganz über Bord zu werfen, umso niedriger sinkt die Hemmschwelle zur Gewalttätigkeit. Verbote im Übermaß bewirken überhaupt nichts.

Doch zurück zu den Kampfmessern. Wer benutzt sie heute noch? Am Beispiel des Ka-Bar oder des Glock wurde ihre Rolle als militärische Allzweckgeräte dargestellt. Selbst Bajonette haben längst ihre »Jungfräulichkeit« als aufpflanzbare Stichwaffen verloren und sind als Universalwerkzeuge für unterschiedliche Situationen ausgelegt.

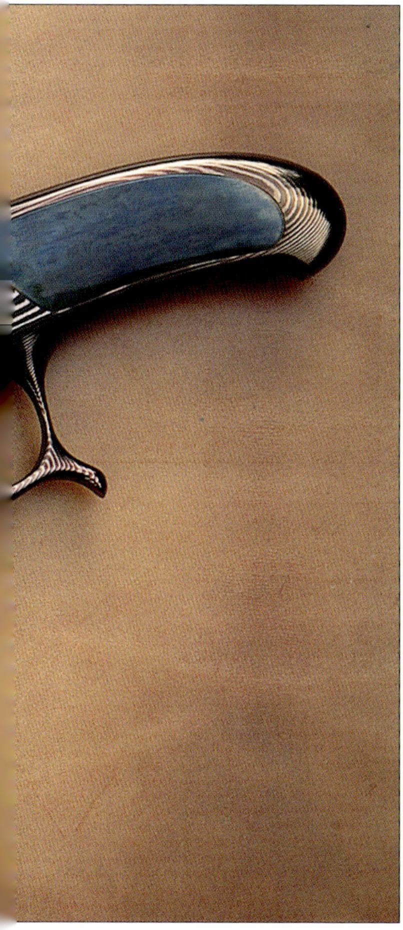

Aufwändig gearbeitetes Sammlerstück im Kampfmesserstil mit doppelseitig geschliffener, leicht geschwungener Klinge, die ein wenig an den orientalischen Yatagan erinnert.

Klassische Dolchklinge, beidseitig hohlgeschliffen aus rostfreiem Damast mit Mammutelfenbeingriff

Eine Nische für das Kampfmesser im klassischen Sinne findet sich allenfalls bei besonders ausgerüsteten und ausgebildeten Spezial- oder Kommandoeinheiten. Denn selbst die fortgeschrittene Schalldämpfertechnik bei Schusswaffen hat das Messer als Instrument für lautlose Einsätze noch nicht ablösen können.

Handgefertigte Kampfmesser für Sammler

Während das Militär seine Kampf- und Gebrauchsmesser allein schon aus Kostengründen aus industrieller Fertigung bezieht, gibt es eine ganze Reihe von Liebhabern, die ihre Sammlung durch erlesene, handgefertigte Kampfmesser

bereichern wollen. Dafür gibt es zahlreiche Gründe, die keiner weiteren Rechtfertigung bedürfen. Vielleicht nur eines in diesem Zusammenhang: Kampfmesser sind aus der menschlichen Entwicklungsgeschichte ebenso wenig wegzudenken wie ein schlichtes Alltagsmesser. Dem Messermacher, der ohnehin davon ausgehen kann, dass das von ihm gefertigte, hochwertige Kampfmesser wohl nie in praktisch, geschweige denn gemäß seiner ursprünglichen Zweckbestimmung genutzt wird, bietet ein solcher Auftrag meist ungeahnte Gestaltungsmöglichkeiten. Neben den klassischen Modellen und den für verschiedene Kulturkreise spezifischen Klingen entstehen so neue Formen und Kreationen, vom schlichten Dolch bis zum exklusiven Prunkstück. Manche Modelle weisen derart futuristische Formen auf, dass sie auf den ersten Blick gar nicht als Messer erkannt werden sondern Gefahr laufen, mit einem modernen Kunstwerk verwechselt zu werden.

Mit aus diesen Gründen ist das Feld der Kampfmesser für Sammler doch so interessant. Unterschiedlichste Klingenformen, darunter doppelseitig hohlgeschliffene Klingen, bieten dem Messermacher reichlich Gelegenheit zu beweisen, wie gut er sein Handwerk beherrscht. Es gehört schon einige Erfahrung und entsprechendes Können dazu, alle Facetten und Übergänge einer solchen Klinge gleichmäßig und symmetrisch zu gestalten.

Messer fürs »Survival« und zum Abfangen von Wild

Bei vielen handgefertigten Kampfmessern wäre es unsinnig, ihre Praxistauglichkeit überhaupt zur Diskussion zu stellen. Anders verhält es sich bei den so genannten Überlebensmessern oder jenen Jagdmesser, die dazu gedacht sind, angeschossenes, angefahrenes oder krankes Wild abzufangen. Hier rückt die praxisbezogene Ausführung wieder in den Vordergrund, auch wenn es auch auf diesem Gebiet abenteuerliche Konstruktionen und skurrile Formen gibt. Eigene Erfahrungen aus dem kanadischen Busch haben gezeigt, dass relativ einfache Messer mit etwa 18 Zentimeter langer, im vorderen Drittel etwas verbreiteter Klinge (*Drop-Point*-Spitze) mit günstigem Schlagschwerpunkt sich für solche

Dieser Messersatz entstand für den Einsatz in der Wildnis.

Schönes Beispiel einer doppelseitig hohlgeschliffenen Dolchlinge.

Ein jagdliches Universalmesser für alle Fälle.

Zwecke bestens eignen. In diesem Falle erhielt der ergonomisch geformte Griff eine Verdickung, um ein Entgleiten des Messers aus der Hand zu verhindern. Zu diesem großen Messer entstand noch ein kleineres Beimesser mit sieben Zentimeter langer *Drop-Point*-Klinge für feine Schneidarbeiten. Mit diesem Messerpaar ließen sich alle in der Wildnis anfallenden Arbeiten, vom Stangenschlagen für das Biwak bis zum Herausoperieren eines Angelhakens aus der Hand, bestens erledigen.

Völlig unbrauchbar für die Praxis hingegen sind viele der martialisch aussehenden *Survivalmesser* mit Sägerücken und Hohlgriff, in dem sich noch ein Kompass, Streichhölzer und eine Angelausrüstung unterbringen lässt. Beim Stangenschlagen darf man sich nicht wundern, wenn die Klinge aus dem hohlen Griffstück herausbricht; und wer sein Messer verlieren sollte, geht dabei gleichzeitig aller Dinge verlustig, die sich im hohlen Griff befinden. Lebenswichtiger Kleinkram wie Kompass, Tabletten, Streichhölzer und Angelhaken gehören in eine stabile Gürteltasche und *nicht* in einen Messergriff.

Für die Nachsuche und das Abfangen von Wild wird ein Messer mit mindestens 15 bis 18 Zentimeter Klingenlänge gebraucht. Der Fangschuss aus Büchse oder Kurzwaffe sollte eigentlich immer vorgezogen werden, denn hier ist die Tötungswirkung höher und das Wild kommt mit seinem Todfeind Mensch nicht in direktem Kontakt. Manchmal ist der Einsatz der Schusswaffe jedoch nicht möglich oder nicht anzuraten. Dies kann beispielsweise der Fall sein, wenn ein angefahrenes Stück nicht ohne Gefährdung anderer mit der Schusswaffe erlegt werden kann oder der stellende Hund durch einen Schuss gefährdet würde. Hier ist der Einsatz der kalten Waffe gefragt. Zum Abfangen eignet sich vor allem eine breitere Klinge, die eine bessere »Sofortwirkung« als ein dünner Stecher erzielt. Der Griff sollte dem Verwendungszweck entsprechend ausgelegt sein und neben

einer Verdickung am Knauf über einen entsprechenden Handschutz vorn verfügen. Wird die Klinge dann noch so gestaltet, dass im Bedarfsfall damit auch aufgebrochen werden kann, verfügt der Jäger über ein vielseitiges Gebrauchswerkzeug, ein *Universalmesser.*

Das abgebildete Stück könnte auch als Kampfmesser durchgehen, gedacht ist es jedoch als Jagdmesser. Die etwa sechs Millimeter dicke Klinge erhielt in den unteren zwei Dritteln der Schneide einen Flach- und im oberen Drittel einen Hohlschliff. Dadurch kann das Messer gleichermaßen gut als Stichwaffe zum Abfangen wie auch für Schneidarbeiten eingesetzt werden. Bequem am Körper tragen lässt sich ein Messer in dieser Größe sicher nicht, insbesondere beim Sitzen und im Auto stört es. Der Stiefelschaft ist sich hier als besserer Aufbewahrungsort und im heimischen Revier ist es am besten im Rucksack oder der Jagdtasche versorgt. Dafür lässt sich damit ein Stück abfangen, und wer wirklich schweres Wild draußen vor Ort zerwirken muss, wird die große Klinge rasch zu schätzen wissen.

Die Arbeit des Messermachers

Ein in Handarbeit gefertigtes Messer ist in einer Zeit der Hochtechnologie und Massenproduktion etwas Besonderes. Doch was versteht man unter »Handarbeit«? Es ist nicht ganz einfach, eine genaue Trennlinie zwischen dem in Handarbeit gefertigten Messer und einem hochwertigen Produkt aus industrieller Fertigung zu ziehen. Eines sollte jedoch klar sein: Reine Handarbeit ohne Zuhilfenahme von Maschinen gibt es kaum noch und wäre wohl auch kaum bezahlbar.

Mit dem Prädikat *handgemacht* sollte jedoch nur versehen werden, was individuell entstanden ist. Die Teile für ein Messer werden dabei einzeln auf das Rohmaterial aufgezeichnet, herausgesägt, gehärtet oder geschliffen. Dann kann man von Handfertigung sprechen. Stammen diese Teile jedoch aus einer technischen Einrichtung, welche in der Lage ist, diese Teile in gleicher Form beliebig oft durch Stanzen, Gesenkschmieden, Spritzgussverfahren oder CNC-Fertigung zu reproduzieren, so handelt es sich um eine *industrielle Serienfertigung*, auch wenn der Zusammenbau von Hand erfolgt.

Wie wird man Messermacher?

Mit dieser Frage werden Messermacher des Öfteren konfrontiert. Es gibt weder einen Ausbildungsgang noch einen Lehrstuhl »Messermachen«. Jeder Messermacher könnte bezüglich seiner Berufswahl – oder besser: Berufung – eine eigene Geschichte beisteuern. Eines haben jedoch alle gemein: Mit der Messermacherei seinen Lebensunterhalt zu verdienen, ist weder alltäglich noch einfach.

Doch lassen wir an dieser Stelle Richard Hehn zu Wort kommen. Viele Fragen beantworten sich so von selbst. Es wird vor allem klar, dass hinter dem Entschluss, Messermacher zu werden, mehr steckt als ein bloßer Berufswunsch oder die Möglichkeit, das Steckenpferd zum Beruf zu machen:

»Im deutschsprachigen Banat in Rumänien geboren, erlebte ich die Nachkriegszeit in der Obhut der Großmutter, nachdem meine Eltern von den Sowjets nach Sibirien verschleppt worden waren. Es war keine einfache Zeit, denn das ehemals so reiche Banat war arm geworden. Im Alter von neun Jahren verlor ich den Vater, der zuvor als krank und arbeitsunfähig aus dem Arbeitslager in Sibirien entlassen worden war. Da wir am Rande einer wild- und fischreichen, ausgedehnten Sumpf- und Teichlandschaft wohnten, begann ich im Alter von elf Jahren zu wildern. Da wurde nichts verschmäht, selbst das tranige Blesshuhn schmeckte in jener Zeit vorzüglich und die Haustauben des Nachbarn und der Kolchose waren sehr willkommen für den Kochtopf. Ob dieser Freveltaten wird mancher die Nase rümpfen, doch damals lautete die alles dominierende Parole der kommunistischen Führung sinngemäß, dass alles, aber auch wirklich alles dem Volke gehören würde. Wen wundert es da, wenn mein kindlich Gemüt nicht einsehen konnte, dass nur die obersten Parteifunktionäre das Jagdrecht hatten? So versuchte ich mit Pfeil und Bogen oder Schleuder zu erhaschen, was mir doch ohnehin gehörte. Das Einzige, was mir zu meinem Jagd-Glück noch fehlte, war ein Jagdmesser! Als zufällig mal ein Haushaltsmesser zu Bruch ging, ergriff ich die Gelegenheit zwar nicht beim Schopfe doch am Knaufe: Ich scheuerte die Klinge so lange auf rauem Beton und anschließend auf einem Sensenwetzstein, bis sie eine spitze Jagdmesserform angenommen hatte. Mit Aluminiumblech-Bandagen und gewachstem Schnürsenkel befestigte ich zwei Buchenholzstücke als Griffschalen – das allererste Hehn-Messer war entstanden.

Im Laufe der Zeit avancierte ich zum Jagdführer ortsunkundiger Parteibonzen aus der nahen Großstadt. Einer darunter war mir besonders sympathisch. Wenn er zur Jagd kam, musste ich ihm erst eine Flasche schwarzgebrannten Schnapses besorgen. Danach übergab er mir Flinte und Patronengurt und wünschte mir viel Erfolg beim edlen Weidwerk. Leider währte diese schöne Zeit nicht lange. Nach dem siebten Schuljahr musste ich zur Weiterbildung in ein über 30 Kilometer entferntes Internat ziehen – vorbei war es mit den wilden Jahren der Jagd und der Freiheit im unendlichen Schilfgürtel.

Im Internat trafen verschiedene ethnische Gruppen auf engstem Raum zusammen und Auseinandersetzungen waren an der Tagesordnung. Dabei ging es nicht gerade zimperlich zu und ein »Messer für alle Fälle«, heute würde man es als Stiefelmesser bezeichnen, musste her. Da es etwas schwerer ausgefallen war, eignete es sich auch ganz hervorragend zum Werfen. Das wurde dann abends im Schlafsaal geübt. Als Ziel diente ein mit Kreide auf die Türfüllung gemalter Kreis. Eines abends nahm ein Pauker merkwürdige Geräusch wahr und wollte pflichtgemäß nach dem Rechten sehen. Um das Überraschungsmo-

ment auf seiner Seite zu haben, näherte er sich unbemerkt und riss mit einem Ruck die Tür auf. Es ging gerade noch einmal gut: Just im selben Moment flog das Messer haarscharf am Kopf des Lehrkörpers vorbei und blieb mit einem lauten, federnden »Tack!« in der Tür auf der anderen Seite des Flurs stecken. Dieser Zwischenfall läutete das Ende meiner Messerwerfer-Karriere ein; das Messer war weg und die Freude meiner Mutter über die zu bezahlende Türfüllung hielt sich ebenfalls in engen Grenzen.

Nach dem Abitur hätte ich sehr gerne Forstwirtschaft studiert, aber diese Fakultät war ausschließlich den Sprösslingen ausgewählter Parteigenossen vorbehalten. Letztendlich blieb mir nur der Maschinenbau, ein Fach, in welchem wir Deutschen recht gern gesehen wurden. Hierzu war es üblich, ein Praktikum in einer Fabrik zu absolvieren, und so bot sich mir erstmals die Möglichkeit, richtige Messer zu bauen. Nun hatte ich endlich meine Jagdmesser, bloß keine Verwendung mehr dafür. Die Sumpfgebiete waren zwischenzeitlich trockengelegt und der Wildbestand mittels großflächig aus Flugzeugen verteilten Pflanzenschutzmittel vernichtet worden.

Nach beendetem Studium bekam ich meine Planstelle zugewiesen und so nahm das Schicksal seinen Lauf. Der Druck, nun doch endlich Parteimitglied zu werden, wurde immer größer. Bald war mein Vorrat an Ausreden erschöpft und ich fühlte mich immer mehr in die Enge getrieben. Hätte ich auch nur andeutungsweise den wahren Grund meiner Ablehnung genannt, nämlich dass mich die abgedroschenen Partei- und Klassenkampfparolen und die Bevormundung in allen Lebenslagen in unerträglicher Weise anwiderten, so wäre ich wahrscheinlich für lange Zeit in einem rumänischen Gefängnis verschwunden.

Obwohl ich wusste, dass Rumänien in keiner Weise bereit war, seine Deutschen ziehen zu lassen, und schon ein bloßer Ausreiseantrag zum sofortigen Verlust des Arbeitsplatzes und der Bewegungsfreiheit führen würde, entschied ich mich für diesen Weg. Mit Beziehungen, List und Tücke erreichte ich mein Ziel und gelangte 1965 in den Westen. Dort stand mir ein sehr schwerer Neuanfang bevor, der jedoch von Zuversicht und Optimismus geprägt war. Aber, und das war für mich das Wesentliche bei allen Nöten, zumindest die politische Freiheit erschien grenzenlos und den Druck, wegen politischer Nonkonformität im Gefängnis zu landen, gab es nicht mehr. Nach einigen harten Jahren brachen dann auch wieder die alten Neigungen durch. Erst der Angelschein, dann der Schützenverein und schließlich der Jagdschein. Als sich dann Anfang der 70er-Jahre die Möglichkeit bot, in einem Kellerraum eine Hobbywerkstatt einzurichten, war er auch wieder da, der Wunsch nach einem besonderen Jagdmesser. Das Angebot in den Stahlwaren- und Jagdgeschäften war beeindruckend, aber ein Messer, so wie ich es mir vorstellte, gab es einfach nicht. Zwischenzeitlich kannte ich mich auch in Sachen Stahl, insbesondere hochwertigen Werkzeugstählen, ganz gut aus und so begann ich mich mit der Sache näher zu befassen. Als mir dann auch noch ein Buch aus den USA in die Hände fiel, in dem von handgemachten Messern die Rede war, stand fest, ich würde mir meine Messer selber bauen. Da war von einem 440-C-Stahl die Rede und bald hatte ich herausgefunden, dass dieser mit unserer Werkstoffnummer 1.4125 identisch war. Eigentlich sollte es ja nicht so schwierig sein diesen zu besorgen, doch genau hier begannen die Probleme. Es gab ihn zwar, doch nur als Rundmaterial für kleine Kugellager, nicht jedoch als Flachmaterial.

Zwischenzeitlich hatte sich bei mir eine qualitative Maximalanforderung zum Grundsatz herausgebildet. Wenn ich schon soviel Mühe und Arbeit investiere, dann sollte auch der Werkstoff das Beste vom Besten sein. Ich ließ nicht locker bis sich schließlich ein Stahlhersteller bereiterklärte, mir bei einer Mindestabnahme von nur 500 Kilogramm das begehrte Flachmaterial zu fertigen. Nach einiger Zeit lag dann ein Haufen Stahl im Keller, den ich mir eigentlich gar nicht leisten konnte. Die Beschaffung der verschiedenen exotischen Edelhölzer war nicht weniger umständlich und Zeit raubend.

Ausgerüstet mit einer einfachen Bohrmaschine, Winkelschleifern, Handsäge, Feilen und Schmirgelleinen konnte es dann losgehen. Die ersten Stücke fielen freilich so aus wie bei den meisten Anfängern und Hobbymessermachern, die es kaum erwarten können, endlich das erste eigene Messer in den Händen zu halten. Die Ungeduld führte zu inkonsequenter Detailarbeit wie unsauberen Übergängen oder verwaschenen Kanten. Alles Fehler, die sich an der gehärteten Klinge mit den damals vorhandenen Mitteln nicht mehr beseitigen ließen. Als dann auch noch die Hölzer, vor allem das schöne Pockholz, zu arbeiten begannen, wurde ich mir der Unvollkommenheit meiner Arbeit bewusst. Nun kamen die Hölzer erst einmal in die Trocknungsanlage einer Möbelfabrik und ich begann, mir eingehend Gedanken über die Bearbeitungstechnologie zu machen. Den Maschinenpark, den ich mir vorstellte, konnte ich mir nicht leisten, denn eigentlich hatte ich schon viel zu viel in mein Hobby investiert. Die erste Anschaffung war ein alter Schleifbock vom Schrotthändler, den ich mit großen, formbeständigen Schleifscheiben bestücken wollte um an den Seitenflächen zu schleifen. Der Gang zum Schleifmittelhersteller war dann die nächste Enttäuschung. Es wurden nicht nur 15 oder 20 Rohklingen gefordert, um die erforderliche Zusammensetzung der Schleifscheiben austesten zu können, auch die genannten Preise und Lieferfristen waren für mich nicht akzeptabel. So machte ich mich selbst an die Arbeit und ließ mir 400-Millimeter-Scheiben aus

Schichtholz schneiden, die seitlich mit Schmirgelleinen beklebt wurden. Das Ergebnis war überraschend gut. Dies war der erste Schritt zur Entwicklung einer eigenen Schleiftechnologie, die bis heute laufend verbessert und verfeinert wurde. Diese Technik hatte auch ihre Tücken. Die hochtourigen Scheiben waren zum groben Ausschleifen der Rohklingen gut geeignet, doch die kleinste Unaufmerksamkeit führte dazu, dass an der einen oder anderen Stelle zu viel Material abgetragen wurde. An ein Feinschleifen der bereits gehärteten Klingen war damit nicht zu denken. Also musste ein weiterer Schleifbock her, der – mit einem Getriebeantrieb versehen – nur noch mit 80 Umdrehungen pro Minute lief. Damit ließ sich eine hervorragende Präzision erzielen, obwohl sich die zur Scheibenmitte hin abnehmende Umlaufgeschwindigkeit negativ bemerkbar machte. Mit der Zeit und viel Übung ließ sich das aber ausgleichen und die Ergebnisse konnten sich sehen lassen. Der große Vorteil dieser Schleiftechnik war und ist, dass immer auf einwandfrei planen Schleifflächen gearbeitet wird. Dafür müssen die Korundschleifblätter unter erheblichem Zeitaufwand ständig erneuert werden. Später wurden dann die Holz- durch Aluminiumscheiben ersetzt. Um noch feinere Oberflächen zu erzielen, wurden die verbrauchten, feinkörnigen Schleifscheiben mit einer trockenen Polierpaste bestrichen. Um einer übermäßigen Erhitzung vorzubeugen, erwies es sich als notwendig, die zu schleifenden Klingen regelmäßig mit einer Lösung aus einem salmiakhaltigen Putzmittel zu benetzen. Allein dieser letzte Schleifvorgang erfordert zwei bis drei Arbeitsstunden mit maximaler Konzentration und Feinfühligkeit. Dann verfügt die Klinge aber über eine wirklich perfekte Oberfläche – den bekannten Hehn-Spiegelschliff.

Nach einiger Zeit waren die ersten Messer fertig gestellt; das eine oder andere ließ sich sogar verkaufen. Zufrieden war

Klinge mit Spiegelschliff.

ich damit aber nicht, eher stellte sich das Gegenteil ein und die Suche nach Formen, Alternativen, Griffmaterialien und Detaillösungen wurde immer intensiver. Dann kamen die ersten Ausstellungen und ab 1979 die Mitgliedschaft in der amerikanischen Knifemakers Guild. Nach etwa neun Jahren harter Arbeit war ich endlich in der Lage, so viele Messer zu verkaufen, dass ich zumindest bei der Fertigung nichts mehr drauflegen musste. Die Entwicklung ging unaufhaltsam weiter, mein Maschinenpark wuchs und die Werkstatt wurde erweitert. Das Hobby war zu einem zweiten Standbein bzw. Beruf geworden und dies nicht ohne Folgen. Gesundheitliche Probleme wie Kopfschmerzen und Konzentrationsschwächen stellten sich ein und schließlich brachte der Arzt es auf einen Punkt: Beides geht nicht, Sie müssen sich für einen Beruf entscheiden. So entschied ich mich schließlich für die Messermacherei, mit all ihren Unwegsamkeiten und Unsicherheiten. Dafür musste ich jetzt aber noch mehr arbeiten als bisher und Urlaub und Freizeit wurden allmählich zu Fremd-

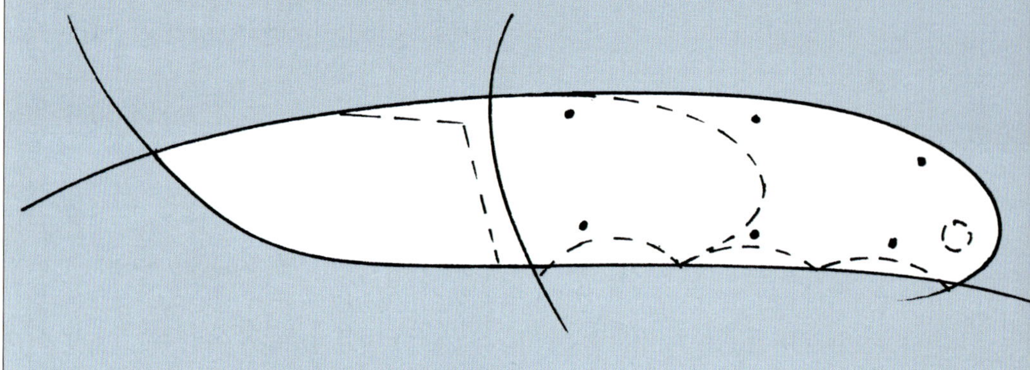

Entwurfsskizze eines Dreifinger-Messers mit drei Grundlinien.

worten. Allein um die jährlichen Festkosten abzudecken, mussten einige Messer mehr hergestellt werden als bisher. Um diese zu verkaufen, waren mehr Ausstellungen nötig und damit stiegen auch die Kosten wieder. Ohne Begeisterung und Freude an der Arbeit selbst ist dies nicht durchzuhalten. Messermacher wird man aus Überzeugung und einiges von dem, was sonst noch dazu nötig ist, wird einem mit Sicherheit schon in die Wiege gelegt. Es hängt lediglich von den jeweiligen Lebensbedingungen ab, ob es irgendwann zum Tragen kommt oder nicht. Der Weg zum Messermacher besteht sicher zu 90 Prozent aus Ausdauer, Geduld und dem Gefühl für Materialien. Die restlichen zehn Prozent

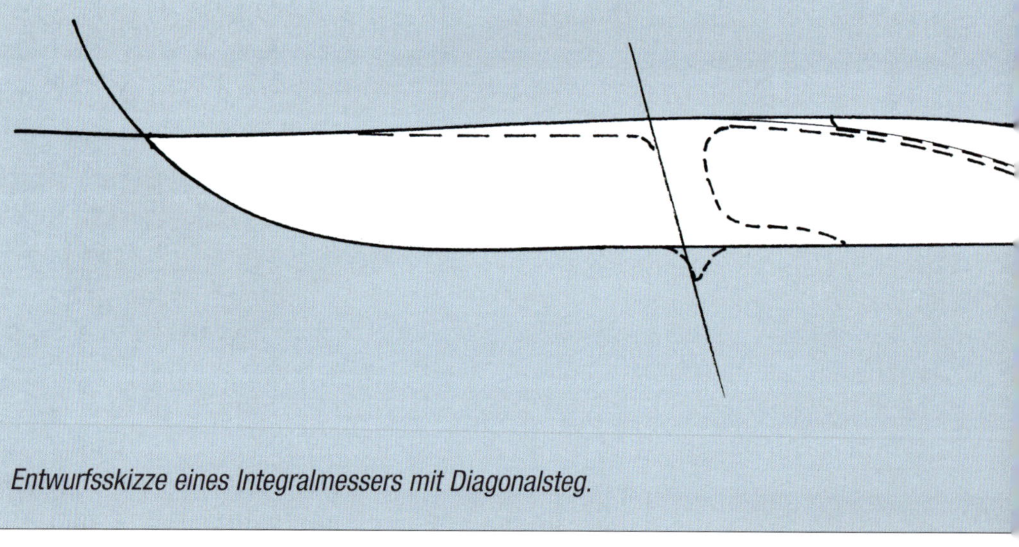

Entwurfsskizze eines Integralmessers mit Diagonalsteg.

hat man oder hat sie nicht. Das ist die Sensibilität für Formen, Linien, Proportionen, Materialzusammenstellungen und das richtige Gefühl für Gediegenheit und schlichte Eleganz. Ein eigener Stil und unabhängige Ideen sind sicher auch eine wichtige Voraussetzung für den Erfolg in einer sehr kleinen Marktnische. Finanziell hält sich der Erfolg aber in Grenzen. Wer die Messermacherei der vermeintlichen schnellen Mark wegen betreiben will, wird mit größter Wahrscheinlichkeit eine herbe Enttäuschung erleben. Auf dem internationalen Messermarkt sind hunderte von Messermachern aktiv und ich kenne keinen, der damit reich geworden wäre.

Auch auf dem europäischen Markt steigt die Zahl der Messermacher ständig an. Eine durchaus erfreuliche Sache, denn Vielfalt kann den Markt insgesamt gesehen nur beleben. Über Geschmack lässt sich bekanntlich nicht streiten und das Angebot ist mittlerweile so groß, dass jeder Wunsch erfüllt werden kann. Ich persönlich bevorzuge klare, fließende Linien, kontinuierliche Übergänge und abgerundete Griffpartien. Funktionalität und Design sind oft nur durch einen Kompromiss in Einklang zu bringen. Meine Grundentwürfe bestehen nur aus drei bis vier Linien, die den Rahmen für einen detaillierten Entwurf bilden. Das ist sehr wichtig, sofern sich das Messer am Ende des Fertigungsprozesses als eine Einheit mit schlichter Eleganz und Ausstrahlung präsentieren soll. Oft lenken nur kleine Einzelheiten die Aufmerksamkeit des Betrachters auf ein bestimmtes Stück. Meist nimmt der Betrachter dieses Detail gar nicht bewusst wahr, weil es ein Teil des Gesamtbildes ist. Ein Beispiel dafür sind zwei fast gleiche Messer, die sich lediglich durch die Stellung des Handschutzes unterscheiden. Bei einem Stück ist der Handschutz senkrecht zur Längsachse angeordnet, während er beim andern leicht in den Linienfluss geneigt ist. In der Regel wird nach dem Messer mit dem schrägen Handschutz gegriffen, da sich dieser als weniger trennendes Gestaltungselement darstellt. Eine gegenläufige Linienführung empfinde ich persönlich als ausgesprochen hässlich. Sicher ist die Frage berechtigt, ob bei einem Gebrauchsmesser alle diese Dinge berücksichtigt werden müssen. Ein schlichtes Messer der unteren Preisklasse ist ohne Abstriche nicht realisierbar und bei aller Liebe zum Detail sollte immer beachtet werden, was mit den zur Verfügung stehenden Mitteln überhaupt machbar ist. Dennoch plädiere ich genau wie bei der Auswahl der Werkstoffe auch beim Design für maximale Qualität.«

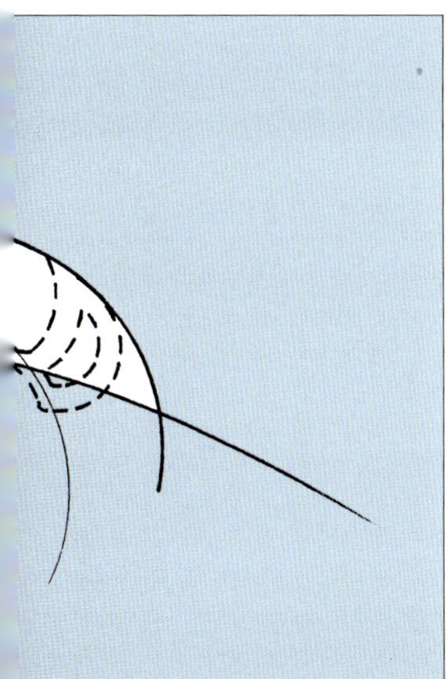

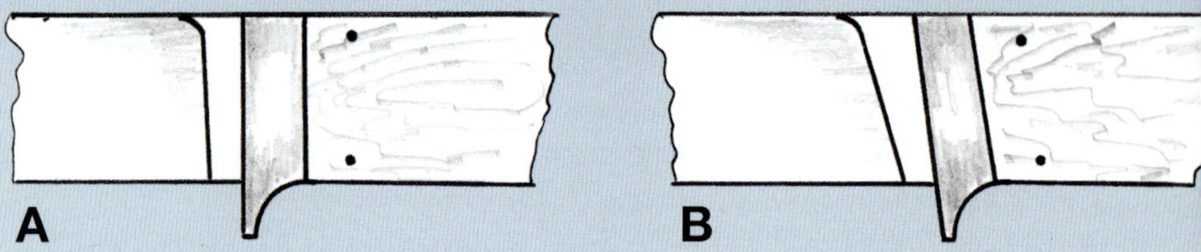

Beispiel des Handschutzes als Gestaltungselement.
Skizze (A) zeigt einen gerade angeordnetem Handschutz,
Skizze (B) einen schräg in den Linienfluss gelegten,
Skizze (C) einen mit gegenläufiger Linie und
Skizze (D) einen als gegenläufiges, trennendes Element gestalteten Handschutz.

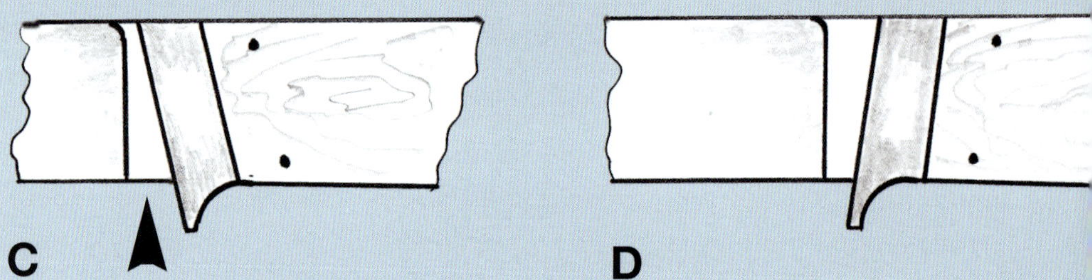

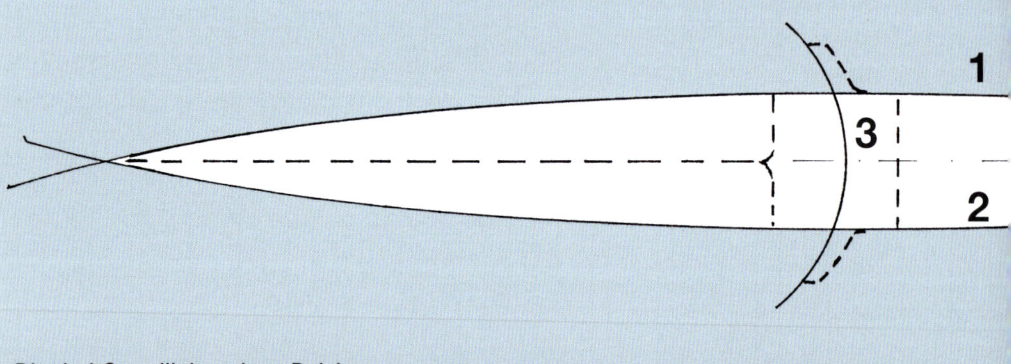

Die drei Grundlinien eines Dolches.

Werdegang eines handgemachten Messers

Um zu zeigen, wie ein Messer entsteht, stellt dieser Abschnitt den Werdegang eines handgemachten Messers in der von vielen Sammlern bevorzugten Integralbauweise vor.

Am Anfang steht zunächst eine Idee, die in einer Skizze niedergelegt wird. So manche Zeichnung landet im Papierkorb, da mal die eine oder andere Linie nicht passt. Lässt sich wirklich kein vernünftiger Entwurf zu Papier bringen, ist es oft das Beste, alles zur Seite zu legen und einige Zeit vergehen zu lassen. Oft müssen erst Wochen verstreichen bis der nächste Entwurf gewagt wird. Liegt schließlich ein annehmbares Ergebnis vor, werden einige Kopien gemacht. Auf ihnen können kleine Änderungen vorgenommen werden ohne den Originalentwurf verändern zu müssen. Denn Änderungen, die zunächst plausibel erscheinen, müssen sich nicht zwangsläufig als Verbesserungen herausstellen.

Nun folgt die zweite Phase: Eine Kopie des Entwurfes wird mit Sprühkleber auf ein Stück Blech geklebt. Anschließend werden die Außenkonturen exakt entlang ausgeschnitten. Die Details der Innenkonturen lassen sich mit einer Reißnadel durch das Papier hindurch auf das Blech übertragen. Nach dem Ablösen des Papiers steht nun eine Blechschablone mit den Außenkonturen des Messers und eingezeichneten Innenkonturen zur Verfügung. Von der Form der Innenkonturen hängt der weitere Arbeitsverlauf ab. Bei der klassischen Integralform mit Handschutz vorne, Griffabschluss hinten und geradlinigem Abschluss zu den Griffschalen, kann nun die eigentliche Fertigung beginnen. Bei komplizierteren Formen, etwa mit radienförmig eingelegten Griffschalen oder Diagonalen quer durch den Griff, müssten weitere Vorbereitungen getroffen werden. Betrachten wir die kompliziertere Form, da sich hier der hohe Fertigungsaufwand am besten zeigen lässt. Alle Ausführungen beruhen auf handwerklicher Fertigung im ursprünglichen Sinne, der Einsatz von CNC-Maschinen bleibt hier unberücksichtigt. Für einen Messermacher ist die Anschaffung solcher Maschinen in der Regel weder wirtschaftlich noch sinnvoll, denn von handgemachten Messern kann man hier wohl kaum noch sprechen.

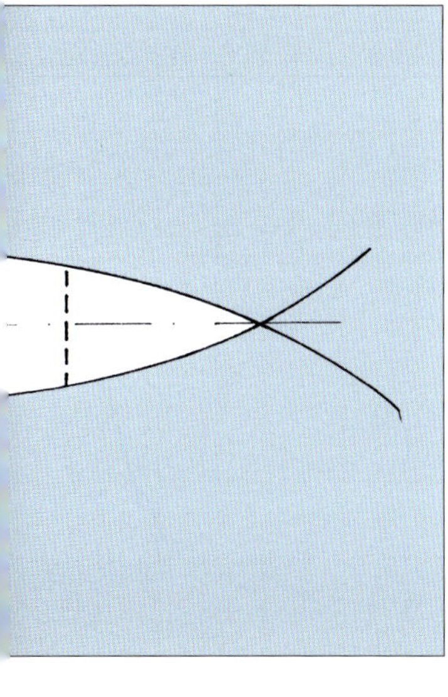

Sehr nützlich ist jedoch ein Pantograph. Diese Geräte werden auch als Gravier-Kopier-Fräsmaschine bezeichnet. Sie sind mit zwei Arbeitstischen ausgestattet. Auf einem wird eine Schablone befestigt, auf dem anderen das Werkstück. Während mittels

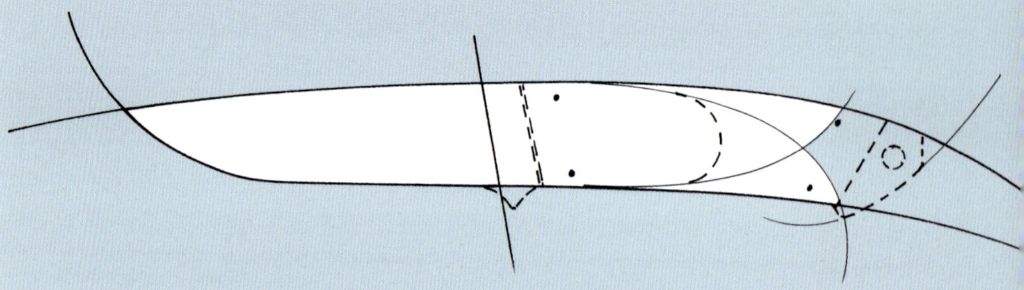

Entwurfsbeispiel: Grundlinie eines klassisches Integralmessers.

eines handgeführten Taststiftes die Schablone abgetastet wird, bearbeitet ein kleiner Fräser auf dem anderen Tisch das Werkstück. Da der Fräsdruck von der den Taststift führenden Hand ausgeübt wird, ist nur die Verwendung eines kleinen Fräsers möglich. Der Maßstab der Übertragung lässt sich einstellen, aber die zu bearbeitende Schablone muss immer größer sein als das zu bearbeitende Werkstück.

Die Blechschablone im Maßstab 1:1 kann also nicht als Arbeitsschablone dienen. Letztere wird neu und zwar im Übertragungsmaßstab 1:3 gefertigt, also dreimal größer als das Original. Dies lässt sich mit dem Pantographen bewerkstelligen, indem die vorhandene Blechschablone auf dem Werkstücktisch befestigt wird. Auf den Schablonentisch kommt ein mindestens zwei Millimeter starkes Messingblech. Nun werden sowohl Fräser als auch Taststift der Pantographenarme durch Reißnadeln ersetzt, wobei mindestens eine der Reißnadeln federnd gelagert sein muss. Werden jetzt mit einer Nadel die Details der Blechschablone im Maßstab 1:1 abgefahren, zeichnet die zweite Nadel diese Details im vergrößerten Maßstab auf das Messingblech. So ist sichergestellt, dass die Arbeitsschablone auch wirklich dem Original entspricht. Sind alle Details auf der Messingplatte übertragen, wird die Schablone durch Sägen, Fräsen, Feilen und Schleifen herausgearbeitet. Dies ist nötig, weil beim späteren Fräsen am Werkstück der Taststift nur entlang feststehender, senkrechter Kanten geführt und gehalten werden kann. Die fertige Schablone wird auf eine Grundplatte montiert um eine leichte und sichere Befestigung auf dem Arbeitstisch zu ermöglichen. Außerdem bildet die Grundplatte den Tiefenanschlag für den Taststift. Dann werden noch Gegenschablonen für die Bearbeitung der Griffschalenkonturen gefertigt. Diese Schablonen müssen absolut genau zur Arbeitsschablone für das Metallteil passen.

Integral-Rohlinge in verschiedenen Fertigungsstadien.

Ausfräsen eines Integralmessers.

Fräsen am Pantographen mit Schablonen.

Jetzt kann mit der eigentlichen Bearbeitung des Werkstückes begonnen werden. Zunächst wird jedoch eine Probefräsung vorgenommen, um zu prüfen, ob die Schablonen auch wirklich stimmen. Statt Stahl wird Messing genommen, da es wesentlich leichter zu bearbeiten ist. Beim Ausfräsen können auch gleich die Durchmesser des Taststiftes und des Fräsers festgelegt werden. Das ist wichtig, damit die Stege und andere Details nicht zu dick oder dünn werden. Bei diesem Bearbeitungsschritt kann es sinnvoll sein, ein zweites oder drittes Teil in einem etwas größeren oder kleineren Maßstab zu fertigen. Dabei muss der jeweilige Durchmesser von Fräser und Taststift natürlich individuell ermittelt werden. Ist der Messerrohling aus Messing fertig, können auch gleich die Schablonen für die Griffschaleneinlagen ausprobiert werden. Wenn alles passt, werden die Schalen eingeklebt und der Messingprototyp ist fertig. Jetzt lässt sich schon gut beurteilen, ob das Ergebnis den Wunschvorstellungen entspricht. Oft liegt das etwas verkleinerte oder vergrößerte Modell besser in der Hand, sodass mit diesem weitergearbeitet wird.

Frässchablone mit zwei Probestücken aus Messing.

Die Stahlbearbeitung kann jetzt beginnen. Zunächst wird der Stahl auf die exakte Länge, Breite und Dicke gesägt und gefräst. Dann wird die Klingenlänge angezeichnet und der etwa 16 Millimeter dicke Messerrohling im Klingenbereich beidseitig auf etwa fünf Millimeter abgefräst. Anschließend wird die Klingenkontur ausgesägt, die Klinge konisch geschliffen und in die endgültige Form gebracht. Dazu sind mehrere Arbeitsgänge und – insbesondere an den Übergängen zum Handschutz – umfangreiche manuelle Feinarbeiten erforderlich. Als Ergebnis präsentiert sich jetzt eine fast fertige Klinge mit einem rechteckigen Stück Stahl als Griff. Letzterer dient dazu, das Teil exakt auf den Werktisch des Pantographen zu spannen. Nun muss die Schablone zum Werkstück so ausgerichtet werden, dass die Ausfräsungen für den Griff auch zur bereits fertigen Klinge passen. Einfach ausfräsen kann man den Griff leider nicht, denn mit dem Pantographen lassen sich nur Materialdicken von wenigen Zehntelmillimetern abfräsen. Daher werden zunächst die Konturen des Griffstückes nur ein – oder zwei Zehntelmillimeter in die Oberfläche des Werkstückes gefräst. Dann folgt der Wechsel auf eine stabile Fräsmaschine. Zuvor müssen jedoch noch zwei Zentrierbohrungen an einer Stelle angebracht werden, die später von den Griffschalen verdeckt wird. Diese beiden Bohrungen entsprechen zwei Bohrungen in der Grundplatte der Arbeitsschablone und sind unbedingt erforderlich, um später das Teil wieder exakt in die richtige Lage zu spannen. Das Griffstück wird dann auf der Universalfräsmaschine weiter bearbeitet, was als *Ausräumen* bezeichnet wird. Die Griffkonturen werden etwa fünf Millimeter tief ausgefräst. Dann kommt das Werkstück wieder auf den Pantographen und die Endbearbeitung erfolgt in Zehntelmillimeter-Schritten. Dies geschieht, indem der Taststiftdurchmesser immer weiter bis zum endgültigen Durchmesser verringert wird. Für die letzten Fräsungen muss unbedingt ein neuer Fräser benutzt werden, um eine saubere Oberfläche und ein exaktes Maß zu erzielen. Die Frästiefe muss ständig kontrolliert werden, damit letztlich der Erl mit der Klinge fluchtet.

Hat alles funktioniert, ist nun eine Seite des Griffes fertig ausgefräst. Um die zweite Seite zu fräsen, muss der gesamte Vorgang spiegelbildlich wiederholt werden. Die Arbeitsschablone wird gewendet und das Werkstück mithilfe der Zentrierbohrungen genau zur Schablone ausgerichtet. Es muss penibel gearbeitet werden, da sonst ein asymmetrischer Griff entsteht. Ist auch die zweite Seite des Griffes ausgefräst, können die Außenkonturen des Griffstückes durch Sägen, Feilen und Schleifen geformt werden. Dabei nimmt das Feilen und Schmirgeln der Rundungen und Radien die meiste Zeit in Anspruch. Um hier vernünftig arbeiten zu können, sind verschiedene Halte- und Spannvorrichtungen nötig, denn zum Arbeiten werden ja beide Hände gebraucht. Solche Spezialvorrichtungen gibt es nicht zu kaufen; sie müssen nach den individuellen Anforderungen gesondert angefertigt werden.

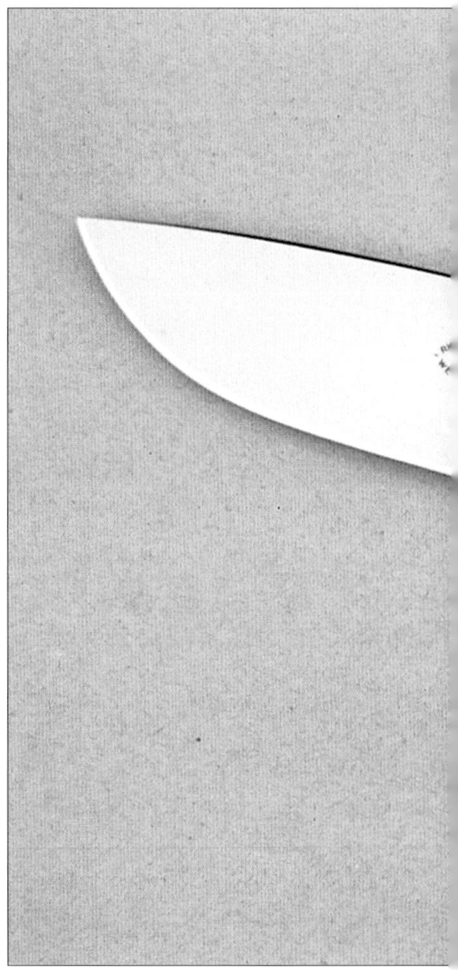

Fertiges Integralmesser.

Nach der Feinbearbeitung mit Schleifpapier der Körnung 600 bis 1200 ist der Integralrohling dann fertig zum Gravieren oder Härten.

Nach dem Härten beginnt der mühsame Teil der Arbeit. Verzug beim Härten ist eine leider nur zu alltägliche Erscheinung. Ist die Klinge verzogen, lässt sich das leicht feststellen. Beim Griffstück, besonders im Bereich der Innenkonturen, ist das schon wesentlich schwieriger. Die Klinge wird mittels Kerbhammer gerichtet. Die entstandenen Kerben werden zunächst an der langsamen Schleifscheibe mit 240er-Körnung herausgeschliffen und dann geht es an die Beseitigung der entstandenen Schleifriefen. Die Klinge und auch der übrige Messerkörper werden manuell in mehreren Stufen mit Diamantpaste verschiedener Körnung abgezogen. Auch hierbei sind Spannvorrichtungen und Führungsleisten erforderlich, denn zumindest bei den letzten beiden Schleifphasen müssen die einzelnen Züge absolut parallel verlaufen, um eine schöne Oberfläche zu

erzielen. Besonders bei pulvermetallurgischen Stählen artet dies in eine Zeit raubende und schwierige Tätigkeit aus.

Ist der Messerkörper fertig, wird er soweit als möglich mit Klebestreifen verpackt, um die fein polierten Oberflächen zu schützen. Denn jetzt folgen Einpassung und Bearbeitung der Griffschalen. Bei unserem Beispielmesser wählten wir Mammutelfenbein, das mit einigen Besonderheiten aufwarten kann. Das Aussuchen der passenden Schalen allein ist schon schwierig. Die guten Tiere konnten vor 30.000 Jahren ja nicht ahnen, dass ihre Stoßzähne einmal zu Griffschalen dienten, denn sonst wären die Stoßzähne sicherlich geometrisch regelmäßiger ausgefallen. So muss der Messermacher nun ein Stück mit passendem Krümmungsradius auswählen. Auch die Dicke der Griffschalen muss bei Mammutelfenbein ganz genau angepasst werden, denn die dünne Farbschicht der Oberfläche soll ja erhalten bleiben. Ein späteres Überschleifen kommt hier nicht in Frage. Sind die richtigen Stücke gefunden, geht es an das Ausfräsen mit-

Dieses Ergebnis kann sich durchaus sehen lassen.

Das genaue Einpassen der Griffschalen ist bei komplizierten Formen wie diesem Griff eine ziemlich Zeit raubende Angelegenheit.

tels Gegenschablone. Dazu wird das Griffmaterial auf ein rechteckiges Stück Hartholz geklebt, denn anders lässt es sich nicht auf den Werktisch der Maschine spannen. Nun könnte man theoretisch bis zur letzten Stufe fräsen, also genau passend. Das geht aber nur selten gut, denn oft hat sich beim Härten auch die Innenkontur des Griffes etwas verzogen. Es empfiehlt sich daher, die Griffschalen ein bis zwei Zehntel größer zu belassen und sie dann mit dem Schaber genau einzupassen. Diese mühsame und Zeit raubende Tätigkeit lässt sich leider nicht vermeiden. Werden die Griffschalen erhaben eingelegt, müssen die Kanten zum Stahl hin vor dem endgültigen Einkleben abgerundet werden. Hier muss der Messermacher besonders sorgfältig arbeiten: Fallen die Radien zu groß aus, wirkt dies, als ob die Griffschalen zum Metall hin »Luft« hätten.

Das endgültige Einkleben ist auch eine reichlich diffizile Arbeit. Der überschüssige Kleber muss vor dem Aushärten sauber weggewischt werden, ohne dass sich dabei die Griffschalen verschieben. Die meisten Griffschalen werden anschließend noch mit Stiften gesichert.

Jetzt ist das Messer fertig. Es fehlen noch eine Lederscheide und das endgültige Schärfen der Klinge. Auch das Logo des Messermachers wird zum Schluss noch angebracht.

Lassen wir den beschriebenen Arbeitsweg Revue passieren, wird klar, welcher Aufwand hinter der Fertigung eines Integralmessers steckt. Auch die relativ hohen Preise dürften jetzt verständlicher sein. Der hohe Aufwand mit den Schablonen macht nur dann Sinn, wenn damit mehrere Messer hergestellt werden können. Diese können in den Außenkonturen, die ja frei von Hand gestaltet werden, und in der Größe, die sich über den Maßstab steuern lässt, ja durchaus verschieden ausfallen.

Messer-Sammeln

Als Sammelgebiet hat gerade das Messer viel zu bieten. Es hat von allen Werkzeugen und Waffen den Menschen wohl mit am längsten begleitet. Eine reiche Formenvielfalt entstand durch die verschiedensten Verwendungen, vom Gebrauchs- und Jagd- über Kampf- bis hin zu Spezial- und Maschinenmessern. Es dürfte kaum möglich sein, alle Formen und Verwendungszwecke zu erfassen. Die Kriterien zur Anlage einer Sammlung können daher so mannigfaltig wie das Objekt selbst sein. Eine Empfehlung, wie eine Sammlung aufgebaut sein sollte, kann kaum jemand geben, zumal persönliche Neigungen eine große Rolle spielen. Ein Sammler lässt sich von Klappmessern faszinieren, ein anderer begeistert sich für feststehende Jagdmesser und ein Dritter sammelt, was ihm gefällt, unabhängig von Bauweisen und Verwendungszweck. Eine Messersammlung kann auf Hersteller, eine Epoche oder einen bestimmten Kulturkreis bezogen sein, es gibt keine festen Regeln, nach denen man sich richten kann.

Außerdem erhebt sich natürlich auch noch die Frage nach den zur Verfügung stehenden Mitteln. Messersammeln muss nicht, kann aber ganz schön teuer werden. Das bedeutet keinesfalls, dass sich Sammler mit kleinem Geldbeutel ausschließlich für preiswerte Serienmesser interessieren können. Eine Sammlung sollte sich keinesfalls an der Anzahl der Stücke orientieren. So gibt es Sammler, die maximale Ansprüche an Material, Design und Qualität stellen und eben solange sparen, bis sie sich das Stück ihrer Wahl leisten können. Nicht ganz ungefährlich ist, sich als Sammelgebiet auf einen Messermacher zu konzentrieren und zu versuchen, einen repräsentativen Schaffensquerschnitt des ausgewählten Messermachers darzustellen. Ein kreativer Macher wird seinen Kunden mit immer neuen Ideen und Modellen überraschen und die Sammlung wird stetig wachsen. Eine Entwicklung, die zwar positiv zu bewerten ist und auch beidseitiges Interesse wach hält, aber auch einen entsprechenden finanziellen Einsatz verlangt, sofern die Sammlung wirklich repräsentativ sein soll.

Es ist ganz natürlich, wenn ein Messermacher die lange Phase der Weiterentwicklung durchläuft, um schließlich den Höhepunkt seines Schaffens zu erreichen. Maschineneinsatz hin oder her, letztendlich bleibt harte Knochenarbeit. Mit zunehmendem Alter nimmt die körperliche Leistungsfähigkeit ab und muss durch zunehmende Routine und Erfahrung ausgeglichen werden. Doch jedem Messermacher wird sich irgendwann die Frage stellen: *Wie geht es weiter?*. Es wäre sicher ein Fehler, mit weniger anspruchsvollen Stücken und mit inkonsequenter Arbeit das bisherige Fertigungsvolumen beibehalten zu wollen. Der einzig richtige Weg besteht wohl darin, mehr Schöpfungskraft zu entwickeln und weniger, aber dafür wesentlich anspruchsvollere und hochwertigere Stücke zu schaffen. So macht die Arbeit nach wie vor Spaß, zumal der Markt für einfachere Stücke ohnehin von nachrückenden, jüngeren Messermachern beansprucht wird. Das ist eine ganz natürliche Entwicklung. Auf dem großen, ameri-

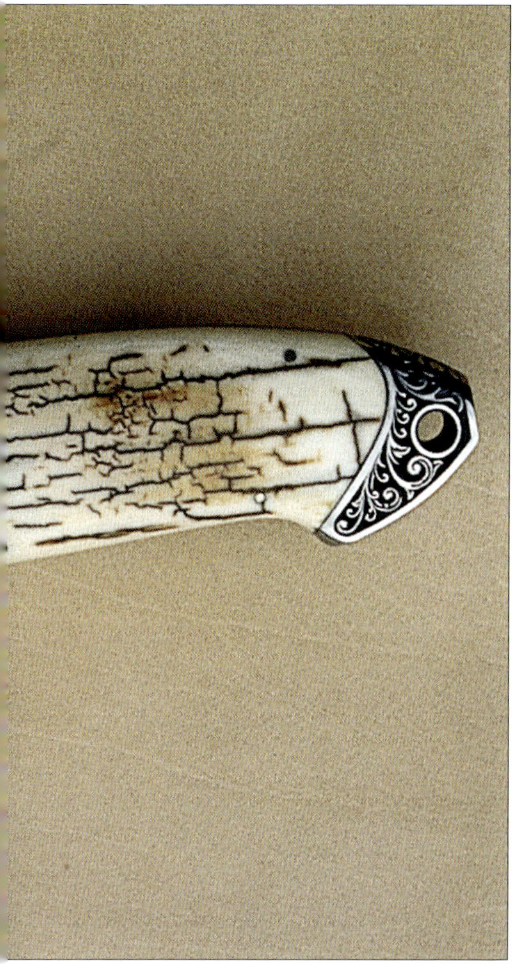

Ein hochwertiges Sammlerstück.

kanischen Markt war es einigen Messermachern möglich, sich auf eine Bauweise mit zwei, drei Modellvarianten zu spezialisieren und diese fast ein Leben lang zu fertigen. Das ist auf dem relativ kleinen europäischen Markt zurzeit noch undenkbar, zumindest wenn die Messermacherei dem Lebensunterhalt dienen soll. Für hiesige Messermacher ist Vielfalt und Veränderung angesagt, um das Interesse der Sammler wach zu halten. Auf dem US-Markt gelingt es nur einigen wenigen Messermachern, jene Preise zu erzielen, die es ermöglichen, auf höchstem Niveau weiterzuarbeiten. Die große Mehrheit jedoch ist gezwungen, auf wesentlich niedrigerem Niveau eine ausreichende Stückzahl zu produzieren, um den nötigen Umsatz zu erzielen. Da reicht dann weder die Zeit noch das Geld, um in exklusive Stücke zu investieren. Hier gilt es zu bedenken, dass der Messermacher ja nicht nur Zeit investiert, sondern die Materialkosten und anfallende Graveurarbeiten erst einmal vorfinanzieren muss, ehe ein hochwertiges Stück verkauft werden kann. Auf dem hart umkämpften US-Markt reicht es keinesfalls, wunderschöne Messer zu akzeptablen Preisen anzubieten, sondern der Messermacher muss auch einen *Namen* haben. Erzeugnisse unbekannter Hersteller kauft kaum jemand, denn der Wert eines Messers wird auch am Namen des Messermachers gemessen. Gerade Sammler legen darauf Wert, denn der Bekanntheitsgrad des Messermachers soll auch in späteren Zeiten den Wert der Stücke garantieren.

Eine weitere Gruppe von Sammlern ist ausschließlich am Messer als *Kunstgegenstand* interessiert. Hier wird es natürlich manchmal schwierig, abzugrenzen, wo die Kunst anfängt und das Messer aufhört oder umgekehrt. Die Definition des Begriffes Kunst ist aber letztendlich eine persönliche Sache und jeder muss selbst entscheiden, wie weit er gehen will. Ein Messermacher sollte aber auch bei künstlerisch gestalteten Messern immer versuchen, seinem Stil treu zu bleiben. Es gibt durchaus originelle Konstruktionen, die aber kaum noch Gebrauchswert besitzen, wie etwa Miniaturklappmesser, die im zusammengeklappten Zustand auf einen Daumennagel passen. Hier ist wohl die Grenze vom Messer zum Kunstwerk überschritten.

Viele Sammler versuchen aber auch gar nicht erst ihrer Sammlung eine bestimmte Richtung zu geben, sondern kaufen, was ihnen gefällt und Freude bereitet. Vielleicht nicht die schlechteste Einstellung, um *Hobby-Messersammeln* zu betreiben. Jeder Kauf eines handge-

Zwei Integralmesser in unterschiedlichen Ausführungen.

fertigten Messers ist auch ein Beitrag zur Erhaltung dieser Handwerkskunst und davon profitieren letztendlich auch die Messerliebhaber, die sich keine exklusiven und kostspieligen Stücke leisten können oder wollen. Die Industrie hat in den letzten Jahren viele Ideen übernommen und auch umgesetzt. Viele neue Serienmesser tragen die Handschrift eines Messermachers. In den USA und Japan haben sich aus der Messermacherszene heraus sogar kleine Industrie-

Ein wertvolles Sammlermesser mit Elfenbeingriff, Goldeinlagen und Damastklinge.

betriebe entwickelt, die den Markt jetzt mit hochwertigen Serienprodukten beschicken. Große Messerhersteller bringen Sammlermesser in limitierter Stückzahl heraus, zu deren Entwicklung sie sich bekannter Messermacher bedienen. Die US-Firma Case aus Bradford in Pennsylvania fertigte bereits Mitte der 40er-Jahre limitierte Sammlermesser. Heute werden diese Messer zu horrenden Preisen gehandelt.

Welche Rolle der Name eines Messermachers spielen kann, zeigte sich auch bei den ersten Sonderserien der Firma Buck, die der Navajo-Kunstschmied David Yellowhorse schuf. Yellowhorse verarbeitete nicht nur ungewöhnliche

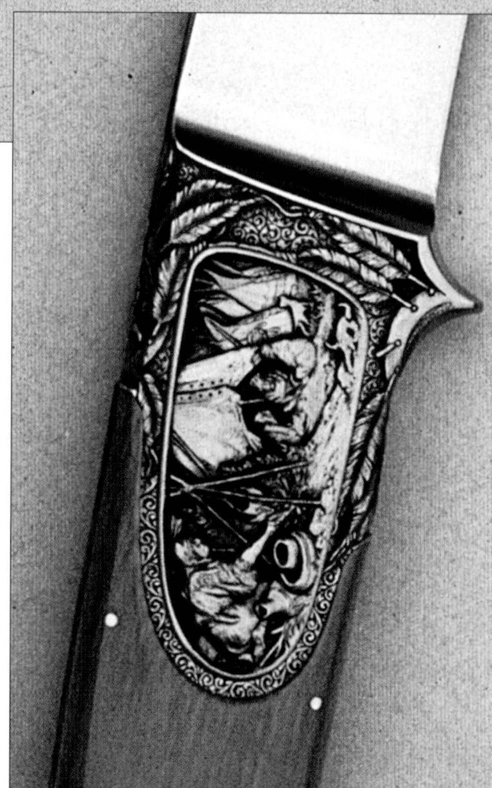

Integralmesser aus CPM-T-420 V mit eingelegten Seitenplatten, Griffschalen aus besonders schönem Mammutelfenbein und hervorragender Gravur von Harald Schlott. Der Rahmen des Messers zeigt einen Büffelschädel, Adlerfedern und sonstigen Indianerschmuck zwischen feinem Englisch, die Seitenplatten einen Büffel jagenden Indianer, die andere Seite eine Indianerin am Lagerfeuer im Indianerdorf.

Griffmaterialien wie Pechkohle, rote Koralle und Türkis, sondern wagte sich auch an außergewöhnliche Klingenschliffe. Auch diese Kleinserien gehören heute schon zu den gesuchten Sammlerstücken.

Messer als Wertanlagen

Sicher spielt beim Sammeln auch das spekulative Element mit. Einer sammelt aus Spaß und Freude, hofft auf eine Wertsteigerung seiner Sammlung, ein anderer kauft gezielt und rechnet fest mit einem Wertzuwachs.

Diesbezüglich genaue Voraussagen zu treffen ist allerdings sehr schwierig. Dies hängt zum einen von der allgemeinen Wirtschafts- und Marktlage zum Zeitpunkt des Wiederverkaufes ab, zum andern spielen – wie bereits erwähnt – sicherlich der Bekanntheitsgrad und die Qualität der Stücke eine einflussreiche Rolle. Jeder Sammler kann davon ausgehen, dass ein Messermacher in seinem Arbeitsleben nur eine begrenzte Anzahl von Stücken fertigen kann. Wenn er dabei konsequent einen eigenen Stil und Individualität gepflegt hat, dann wirkt sich dies als ein zusätzlicher Faktor positiv aus.

Letztendlich bestimmt aber der Markt über den Wert und die Wertsteigerung einer Sammlung. Ein Blick über den Großen Teich zeigt, dass Messer aus den 50er-Jahren heute zum zehn bis hundertfachen des damaligen Verkaufspreises gehandelt werden. Ob sich der europäische Markt vergleichbar entwickeln wird, bleibt allerdings fraglich. Und dies liegt keinesfalls allein daran, dass man hierzulande zu Messern und Waffen eine andere Einstellung pflegt als die Amerikaner. In Deutschland hat die Entwicklung in Sachen handgefertigter Messer erst Anfang der 70er-Jahre eingesetzt und steht im Grunde erst am Anfang eines langen Weges. Was noch fehlt, ist ein Konzept, welches handgefertigte Messer einem breiten Publikum näher bringt. Dies kostet natürlich Geld, aber eine Branche, die sich darauf beschränkt, einen vorhandenen Markt abzuschöpfen, kann sehr schnell in die Krise geraten. Um dieses Kunsthandwerk – und um nichts Anderes handelt es sich bei der Messermacherei – sie auf Dauer zu erhalten, ist der Messermacher und der Kunde gleichermaßen gefordert. Der Messermacher muss versuchen, jedem einzelnen Stück eine *Seele* einzuhauchen, diese muss den Betrachter begeistern können, beim Betrachten und Begutachten eines Stückes muss es förmlich knistern. Der Kunde muss merken, dass hier etwas mehr Energie und Substanz investiert wurde als nur perfekte Handwerksarbeit.

Den Sammlern und Freunden handgefertigter Messer bleibt zu wünschen, dass sie sich ihren Geschmack nicht vom Zeitgeist vorschreiben bzw. prägen lassen. Wird das heute viel zitierte Preis/Leistungsverhältnis auf alle Lebensbereiche ausgedehnt, so kommt es zwangsläufig zu einer Vermassung unter Ausschluss jeglicher Individualität. Hochwertige, exklusive Stücke können nur jenseits jeglicher Kosten-Nutzen-Rechnungen entstehen, denn es sind keine Bedarfsgegenstände, die man unbedingt zum Leben braucht. Sie gehören zu den schönen Dingen des Lebens, die man haben will, da ihr Besitz Stolz und Freude bereitet, zumal sie auch ein Symbol des eigenen Erfolges sind.

FEUERWAFFEN

Richard D. Law
Karabiner 98k
Bis 1945 wurden 14 Millionen K 98k hergestellt. Dieses Buch enthällt alles über diese Waffe – Technik, Varianten, Materialien und Fertigung, Zeichen, Stempel und Beschriftungen.
240 Seiten, 401 Bilder, 50 Zeichnungen, 1 Karte
Bestell-Nr. 30309
€ 42,–

Joachim Görtz
Die Pistole 08
Es gab sie in unterschiedlichen Ausführungen. Das Zubehör ist ebenso vielschichtig wie die Truppen- und Polizeistempel. Hier liegt der Reiz, sich mit dieser Waffe zu beschäftigen. Diese überarbeitete Neuauflage hilft dabei.
224 Seiten, 242 Bilder
Bestell-Nr. 30126
€ 36,–

David Harding, **Waffen-Enzyklopädie**
Wodurch unterscheidet sich ein Katapult von einer Blide? Wie funktioniert ein Radschloß, ein Torpedo oder eine Panzerfaust? Dieses Werk stellt die Waffen der letzten 7000 Jahre vor – vom steinzeitlichen Wurfholz bis zum Stealth-Kampfflugzeug. Grafiken, Zeichnungen und Schnittbilder, eine klare Gliederung, knappe, verständliche Texte und eine Fülle von Fakten machen diese Spezialausgabe zu einem unentbehrlichen Nachschlagewerk.
336 Seiten, 2500 Bilder
Bestell-Nr. 01488 **€ 22,–**

Frank Weissert/Peter Keller
Selbstladegewehre für Sport und Jagd
Ein Überblick für alle Sportschützen, Jäger und Sammler: die wichtigsten, für Zivilpersonen erhältlichen Selbstladebüchsen, ihre Technik und Geschichte. Zahlreiche Testergebnisse liefern Erkenntnisse über Stärken und Schwächen dieser »Waffengattung«. Dazu Kurzanleitungen zum Zerlegen der Waffen, sofern der Handel die Modelle ohne Bedienungsanleitung anbietet.
176 Seiten, 220 Farbbilder
Bestell-Nr. 01939 **€ 32,–**

David Miller
Das große Buch der Handwaffen
Wohl nie zuvor gab es eine so umfangreiche Abhandlung über Handfeuerwaffen. Vorgestellt werden insgesamt an die 1000 Modelle aus vier Jahrhunderten: Von der Steinschloss-Pistole über die Musketen aus der Zeit Napoleons, von den Infanterie-Repetiergewehren aus beiden Weltkriegen zum modernen Anti-Material-Gewehr.
290 Seiten, 1000 Farbbilder
Bestell-Nr. 30462 **€ 36,–**

Motor buch Verlag

IHR VERLAG FÜR WAFFEN-BÜCHER

Postfach 10 37 43 · 70032 Stuttgart
Tel. (07 11) 2108065 · Fax (07 11) 2108070

Stand April 2003 – Änderungen in Preis und Lieferfähigkeit vorbehalten